"四川省产业脱贫攻坚·农产品加工实用技术"丛书

猕猴桃加工实用技术

主　编　张凤英

副主编　李俊儒　周　文　张　彩　舒学香　隋　明

四川科学技术出版社

图书在版编目（CIP）数据

猕猴桃加工实用技术 / 张凤英主编 . —— 成都：四川
科学技术出版社 , 2018.5
（"四川省产业脱贫攻坚·农产品加工实用技术"丛书）
ISBN 978-7-5364-9025-3

Ⅰ.①猕… Ⅱ.①张… Ⅲ.①猕猴桃 – 水果加工 Ⅳ.
① TS255.3

中国版本图书馆 CIP 数据核字 (2018) 第 079760 号

猕 猴 桃 加 工 实 用 技 术
MIHOUTAO JIAGONG SHIYONG JISHU

主　　编　张凤英

出 品 人　钱丹凝
责任编辑　何晓霞
责任出版　欧晓春
封面设计　张永鹤
出版发行　四川科学技术出版社
　　　　　成都市槐树街 2 号　邮政编码 610031
　　　　　官方微博：http://e.weibo.com/sckjcbs
　　　　　官方微信公众号：sckjcbs
　　　　　传真：028-87734039
成品尺寸　170mm×240mm
　　　　　印张 6.75　字数 120 千
印　　刷　四川工商职业技术学院印刷厂
版　　次　2018 年 5 月第一版
印　　次　2018 年 5 月第一次印刷
定　　价　28.00 元
ISBN 978-7-5364-9025-3

"四川省产业脱贫攻坚·农产品加工实用技术"丛书
编写委员会

组织编委	陈新有	冯锦花	廖卫民	张海笑	陈　岚
	何开华	陈　功	管永林	李春明	张　伟
	刘　念	岳文喜	黄天贵	巨　磊	
编委成员	康建平	朱克永	游敬刚	陈宏毅	卢付青
	潘红梅	李益恩	余文华	李洁芝	李　恒
	张其圣	周泽林	任元元	王　波	邹　育
	张星灿	邓　林	何　斌	柏红梅	李　峰
	谢文渊	谢邦祥	朱利平	王　进	李国红
	余乾伟	史　辉	黄　静	王超凯	张　磊
	张崇军	余彩霞	张凤英	唐贤华	周　文
	张　彩	王静霞	陶瑞霄	方　燕	余　勇
	高　凯	孙中理	付永山	胡继红	李俊儒
	吴　霞	张　翼	郭　杰	陈相杰	张　颖
主　审	朱克永	康建平	陈宏毅	邓　林	张崇军
	游敬刚				

组织编写 四川省经济和信息化委员会
编写单位 四川省食品发酵工业研究设计院
四川工商职业技术学院

前　言

　　党的十八大以来，我国把扶贫开发摆到治国理政的重要位置，提升到事关全面建成小康社会、实现第一个百年奋斗目标的新高度。四川省委、省人民政府坚定贯彻习近平总书记新时期扶贫开发重要战略思想，认真落实中央各项决策部署，坚持把脱贫攻坚作为全省头等大事来抓，念兹在兹、唯此为大，坚决有力推进精准扶贫、精准脱贫。四川省经济和信息化委员会按照"五位一体"总体布局和"四个全面"战略布局，结合行业特点，创新提出了智力扶贫与产业扶贫相结合的扶贫方式。

　　为推进农业农村改革取得新进展，继续坚持农业农村改革主攻方向不动摇，突出农业供给侧结构性改革，扎实抓好"建基地、创品牌、搞加工"等重点任务的落实，进一步优化农业产业体系、生产体系、经营体系，带动广大农民特别是贫困群众增收致富，更需"扶贫必先扶智"。贫困的首要原因在于地区产业发展长期低下，有限的资源不能转化为生产力。究其根本，生产力低下源自劳动力素质较差，文化程度低，没有掌握相关的生产技术，以致产品的附加值低，难以实现较高的市场价值。所以，国务院《"十三五"脱贫攻坚规划》指出，要立足贫困地区资源禀赋，每个贫困县建成一批脱贫带动能力强的特色产业，每个贫困乡、村形成特色拳头产品。

　　2017年中共四川省委1号文件提出，四川省将优化产业结构、全面拓展农业供给功能、发展农产品产地加工业作为重要举措，大力开发农产品加工技术的保障作用尤为重要。基于农产品加工产业是实现产业脱贫的重要手段之一，为了服务于四川省组织的全面实施农产品产地初加工惠民工程，即重点围绕特色优势农产品，开展原产地清洗、挑选、榨汁、烘干、保鲜、包装、贴牌、贮藏等商品化处理和加工，推动农产品及加工副产物综合利用，让农民分享增值收益。

　　在四川省委、省人民政府的指导下，四川省经济和信息化委员会组织四川省食品发酵工业研究设计院、四川工商职业技术学院的专家、学者，根据农业生产加工的贮藏、烘干、保鲜、分级、包装等环节需要的产地初加工方法、设施和工艺，针对农产品产后损失较严重的现实需要，编撰了"四川省产业脱贫攻坚·农产品加工实用技术"丛书。该丛书力图传播农产品加工实用技术，优化设施配套，降低粮食、果品、蔬菜的产后损失率，推进农产品初加工和精深加工协调发展，提高加工转化率和附加值，为加快培育农产品精深加工领军企业奠定智力基础。

　　该丛书主要面向四川省四大贫困片区88个贫困县的初高中毕业生、职业学校毕业生、回乡创业者及农产品加工从业者等，亦可作为脱贫培训教材。丛书立足于促进创办更多适合四川省农情、适度规模的农产品加工龙头企业及合作社、企业和其他法人创办的产地加工小工厂，立足于农业增效、农民增收，立足于促进农民就地就近转移和农村小城镇建设找出路，大幅度提高农产品附加值，努力做到区别不同情况，做到对症下药。针对四川省主要贫困地区的特色优势农产品资源，结合现代食品加工的实用技术，通过该丛书提升贫困地区从业者的劳动技能、技术水平和自身素质，改变他们的劳动形态和方式，促进贫困地区把丰富的自然资源进行产业化开发，发展特色产品、特色品牌，创特色产业，从潜在优势变成商品优势，进而变成经济优势，深入推进农村一、二、三产业融合发展，尽快帮助贫困地区群众解决温饱问题达到小康，为打赢脱贫攻坚战、实施"三大发展战略"助力。

四川省经济和信息化委员会

2017年6月

目 录

第一章 概 述

　　猕猴桃为雌雄异株的大型落叶木质藤本植物。全世界猕猴桃属植物共有66个种，其中中国有62个种。中国是猕猴桃的原产地，野生猕猴桃资源丰富。猕猴桃具有很高的营养价值和药用保健价值，富含维生素、氨基酸、矿物质和果胶，其中维生素C的含量达100mg（100g果肉中）以上，有的品种高达300mg以上，因而其被誉为"水果之王"。猕猴桃鲜果酸甜适度，清香爽口，营养价值高而热量却很低。

图1-1　猕猴桃

　　猕猴桃还有多种辅助医疗的功效，中医认为其有清热、利尿、健胃、生津、润燥、散瘀、消肿等功效，可辅助治疗消化不良、食欲不振、关节炎、尿道结石等多种疾病。猕猴桃可以预防老年骨质疏松；抑制胆固醇在动脉内壁的沉积，从而防治动脉硬化；可改善心肌功能，防治心脏病；具有抑制肠道内亚硝胺对组织的诱变作用，有效预防癌症；还具有阻止体内产生过多的过氧化物，防止老年斑的形成，延缓人体衰老等作用。

　　四川省的猕猴桃人工栽培始于1980年，当时从日本引进了新西兰的海沃德品种。四川省是国内开展猕猴桃经济栽培相对较早的省份。经过30多年的发展，猕猴桃产业已成为四川省龙门山脉一带及盆周山区农民增收、农业增效和农村经济发展的重要支柱产业，在新农村建设、农业产业结构调整和地震灾后重建中发

1

挥了重要作用。

四川省作为中国野生猕猴桃分布中心之一，是国内野生猕猴桃种植资源种类和蕴藏量最丰富的省份。四川省地形、地势复杂多变，生态条件丰富多样，其中四川省盆周山区（龙门山脉带、秦巴山区、邛崃山脉带等）最适宜猕猴桃栽培，区域内低中山地属亚热带季风性湿润气候，年均温13.7～18.8 ℃，年均日照时间1 224.7 h，年太阳辐射量356 kJ/cm²，年均降水量1 182.7 mm，优越的自然生态条件为猕猴桃高产优质提供了基本保障。四川省的猕猴桃栽培已基本形成了以苍溪、都江堰、什邡、彭州、蒲江、邛崃、大邑等县（市）为中心，以安县、北川、雅安、汶川等县（市）为辐射区的产业带。根据初步统计，四川省猕猴桃经济栽培面积已达2.97万 hm²，年产鲜果13万t，产值近11亿元，种植面积和产量均排在全国第二位。

目前，我国果品贮藏保鲜设施欠缺，采后处理与深加工程度低。四川省种植的猕猴桃海沃德品种商品果合格率为60%～70%、红阳品种为40%～50%。每年在猕猴桃主产区有近2万t的残次果产生。这些残次果在目前市场相对较好的情况下，绝大部分以相对较低的价格进入了鲜销市场，以满足中低层次消费者的需求，只有极少数被企业收购后用于猕猴桃果酒、果醋、冻干产品等生产加工。随着猕猴桃产业的进一步发展，特别是各地新建园区大量投产后，残次果较低的深加工水平必将成为四川省猕猴桃产业持续健康发展的瓶颈之一。因此，猕猴桃加工体系的建立不但是从根本上解决猕猴桃产业的后顾之忧，而且还能大大提高猕猴桃的价值和效益。

图1-2　红阳猕猴桃

四川是猕猴桃栽培和生产大省，在大力发展猕猴桃产业的同时，一方面要全面提高猕猴桃栽培管理水平，提升鲜果的品质，提高商品果合格率；另一方面要发展猕猴桃深加工技术，特别是技术含量高的工艺，从而获得附加值大的加工产品，以充分利用猕猴桃资源。

第二章 猕猴桃的基本知识

一、猕猴桃的营养价值

猕猴桃被誉为水果营养全能之王，不仅维生素C含量居水果之冠，而且还富含17种氨基酸、矿物质和果胶。在美国食品科研中心猕猴桃的营养价值体现为"二高四多"：高钾、高钙，多亚麻酸、多维生素C、多氨基酸、多粗纤维。猕猴桃果实维生素C、维生素E、食用纤维和钾、钙、硒等微量元素含量丰富，还含有多种无机盐和蛋白质水解酶、猕猴桃碱等，其主要营养成分含量位居其他水果前列。猕猴桃果实中的种子还富含多种人体必需的不饱和脂肪酸。

1.维生素

每100g猕猴桃鲜果含维生素C100~120mg,其平均值比苹果高20~80倍，比梨高30~140倍，比柑橘高5~10倍。其所含维生素C在人体内利用率高达94%，营养密度>57.5，一个很小的猕猴桃鲜果即可满足人体对维生素C的需求。猕猴桃是除鄂梨外维生素E含量最高的果实。天然维生素E能调节血脂，并能抑制人体脂褐素的沉积，起到延缓细胞衰老的作用。

2.食用纤维

根据国际科技文献发表的数据和美国食品药物管理局（FDA）颁布的优良[>10%DV（人体每天需求食用纤维含量度）]和优秀（>20%DV）营养含量的定义，被誉为"水果之王"的猕猴桃的食用纤维含量达到优秀标准。另外美国食品药物管理局也认为猕猴桃是最优质的食用纤维源。猕猴桃的粗纤维含量为1 800 mg/100g, 3倍于切碎的500g芹菜。每140g猕猴桃的纤维量是同等重量的谷类食品所含纤维量的525倍。现代研究认为猕猴桃的润肠通便功能与其富含膳食纤维有关。

3.不饱和脂肪酸

猕猴桃果实中含种子0.8%~1.6%，长椭圆形。干燥的种子为黄褐色或棕褐色，千粒质量1.2~1.6g,个别野生品种高达3.25g,含粗脂肪22%~35%。采用超临界二氧化碳萃取技术从猕猴桃籽中提取猕猴桃籽油，色泽金黄透亮，略带清香。猕猴桃籽油中富含多种不饱和脂肪酸、脂类、黄酮类、酚类、维生素、微量元素硒及其他生物活性物质，其中亚油酸、亚麻酸等不饱和脂肪酸占75%以上，特别是亚麻酸含量达64.1%。猕猴桃是目前发现除苏子油外亚麻酸含量最高的天然植物油。猕猴桃籽油的折光指数为1.4818，明显较一般油脂大，碘值平均高达171，表明猕猴桃籽油中含有大量不饱和双键，是干性油，具有较大的开发利用价值。猕猴桃籽油中亚麻酸、亚油酸含量在已探明的80余种植物种子油料与海洋生物中居于前列，是世界上优质天然多烯酸的最佳资源。现代研究表明，猕猴桃籽油具有辅助降低血脂、软化血管和延缓衰老等功效，在医学、保健食品和美容护肤品领域具有广泛的用途。

4.矿物质

猕猴桃含有钙、硒、锰、钾、铁、碘、磷、锌、铬等多种矿物质元素，为人体每天补充微量元素的优质来源。每100 g猕猴桃平均含钾量超过320 mg，钾含量高于香蕉、橙子；有机硒含量达8 μg/kg以上。每100 g猕猴桃中还含有磷42 mg、铁1.6 mg、铬0.035 mg。每100g猕猴桃中钙的含量高达58mg，几乎高于所有水果；而钠的含量几乎为零，对改善我国膳食中目前普遍存在的缺钙富钠的营养结构具有重要意义。

二、猕猴桃的保健药用价值

猕猴桃的保健功能越来越受到人们的重视。据中药典籍记载:猕猴桃果实可解热、止渴、通淋、活血、消肿，治烦热、黄疸、石淋、痔疮。猕猴桃果实不仅风味鲜美，医疗保健上还具有降低血液中胆固醇及甘油三脂水平的功能，并对防治维生素C缺乏症、动脉粥样硬化、冠心病、高血压均有特殊功效。

三、四川省猕猴桃主要品种

四川省从20世纪80年代初的一个品种，到现在先后发展了红阳、川猕系列、金魁、米良1号、秦美、华美、武植系列、华光系列、魁绿、金艳等多个优良品种。在这些品种中，目前推广应用面积最广的为红阳，占全省栽培面积的60%以上；海沃德由于具有产量高、抗性强等突出优点，仍为四川省主栽品种之一，占全省栽培面积的25%；金艳

图2-1　红阳猕猴桃

作为黄肉品种,目前栽培面积占全省栽培面积的5%左右;其余品种为10%。

1.红阳

红阳猕猴桃又名红心奇异果、红心猕猴桃,果实中大、整齐,为短圆柱形,果皮绿褐色,无毛。含糖高,富含钙、铁、钾等多种矿物质及17种氨基酸,维生素C高达135mg/100g。果肉翠绿色,果汁甜酸适中,清香爽口,品质极优。可直接食用,也可适合制作菜肴。其平均单果重92.5g,最大单果重150g。成熟时间8月下旬至9月上旬。

2.海沃德

果实为长圆柱形,果皮绿褐色,表面覆灰白色长绒毛。果肉绿色,髓射线明显。果实大,平均单果重82g,可溶性固形物14.7%,酸1.41%。海沃德猕猴桃品质极佳,耐贮运,抗逆性强,丰产稳产,货架期长,是猕猴桃中的"红富士"。成熟时间9月下旬到10月上旬。

图2-2　海沃德猕猴桃

3.金艳

果实为长卵圆形,果喙端尖,果实中等大小,单果重80~140g,若使用生物促进剂BenifitPZ,大果比例增加。软熟果肉黄色至金黄色,味甜具芳香,肉质细嫩,风味浓郁,可溶性固形物含量15%~19%,干物质含量17%~20%。果实贮藏性中等,冷藏(0±0.5)℃条件下可贮藏12~16周;常温下,果实货架寿命3~10d。果实

图2-3　金艳猕猴桃

食用硬度在1～1.5 kg/cm，风味明显有别于"海沃德"。成熟期10月上中旬。

4.华美

果实椭圆形，较整齐，商品性好，纵径6.5～7cm，横径5.5～6cm，单果重为80～120g，最大单果重150g，果皮棕褐色或绿褐色，绒毛稀少，细小易脱落，果皮厚难剥离。未成熟时，果肉呈绿色；成熟后果肉呈黄色或绿黄色。果肉质细汁多，香气浓郁，风味香甜，质佳爽口，果心中轴胎坐乳白色可食。可溶性固形物7.36%，总酸1.06%，总糖3.24%，维生素C 161.8 mg/100g鲜果，富含黄色素。常温下，后熟期15～20d，货架期30d；在0℃下可贮藏5个月左右。成熟时间9～10月。

图2-4　华美猕猴桃

5.秦美

秦美猕猴桃，果实椭圆形。果皮褐色，覆黄褐色硬毛，毛易脱落。平均单果重102.5g，最大单果重204g。果实纵径约7.2cm，横径约6cm。果肉绿色，肉质细嫩多汁，酸甜适口，有香味。可溶性固形物含量为10.2%～17%，果实的维生素C含量为190～354.6mg/100g鲜果肉。成熟时间10月中旬。

图2-5　秦美猕猴桃

6.金魁

果实阔椭圆形，果皮较粗糙，褐黄色，覆硬糙毛，毛易脱落，果

图2-6　金魁猕猴桃

肉翠绿色。平均单果重100g，最大单果重175g。可溶性固形物18%～22%，平均20%，最高25.5%；总酸1.6%～1.8%；维生素C含量100～242mg/100g。果实风味浓郁清香，品质极佳，耐贮藏，采收后室温下可贮放约40d。成熟时间10月底。

7.米良1号

果实长圆柱形，纵径7.5～7.8cm，横径4.6～4.8cm，侧径4.1～4.6cm，平均单果重86.1～95.8g，最大果重162g。果皮棕褐色,果肉黄绿色，含可溶性固形物16%～18%，总糖11.2%，总酸1.16%，维生素C含量188～207mg/100g。果汁较多，酸甜适度，具芳香味，品质上等。果实成熟期10月上旬。

图2-7　米良1号獼猴桃

8.川獼1号

果实椭圆形，果皮浅棕灰色，覆糙毛，平均单果重75.9g，最大果重118g，纵径6.5cm，横径4.7cm，侧径3.9cm。果肉翠绿色，质细多汁，甜酸味浓，有清香，可溶性固形物14.2%，总糖8.4%，总酸 1.37%，维生素C124 mg/100g，果实常温下可存放15～20d。果实成熟期9月下旬。

9.川獼2号

果实较整齐，椭圆形，略扁，果顶基部凸起，果皮棕褐色，果毛长硬不易脱落。平均单果重95.1g，最大果重183.7g，纵径5.9cm，横径5.4cm，侧径4.3cm。果肉翠绿色，质细多汁，味甜有香气，可溶性固形物16.9%，总糖9.17%，总酸1.33%，维生素C 87mg/100g，品质优良。果实在常温下可存放15～20 d 。果实成熟期10月上旬。

图2-8 川猕1号猕猴桃

图2-9 川猕2号猕猴桃

第三章 猕猴桃的栽培和病虫害防治

第一节 猕猴桃的栽培

为加强优质猕猴桃基地建设，推行良种化、标准化、商品化生产，优质猕猴桃栽培要从园地建设、栽培管理做好。

1.园地建设

（1）环境条件　产地长期保持空气清新，水质和土壤均未污染。

（2）气象条件　应符合年均温度12～16℃，1月月均气温～1～2℃,7月月均气温25～27℃,生长期≥8.5℃以上积温2 500～3 000℃。年均降水量600～1 000mL。年均日照时数1 900 h以上。

（3）地形、土壤　应选择平地或低于10°的向阳缓坡地。土层深厚、土质轻壤或中壤，pH值5.5～7.5，耕层土壤有机质含量1%以上，地下水位在1米以下。有灌溉条件。

（4）园地规划　园地面积较大时可划分作业小区，每个小区长度不超过150m，宽40～50m，一般采用南北行向。配置田间道路、灌溉（排水）渠道、作业房、库房和卫生间及垃圾处理点等。

（5）防风林带　多风地区在主迎风面距猕猴桃栽植行5～6m处栽植防风林带，乔灌结合，行株距（1.0～1.5）m×1m，2～3行对角线方式栽植，树种选择柳树、枳子、紫穗槐等。

（6）品种与砧木　品种选择：美味猕猴桃选用海沃德、徐香、翠香、金香等品种，中华猕猴桃选用华优、晚红（大叶红阳）、红阳、西选2号等品种，以发展美味猕猴桃品种为主。砧木选择：美味猕猴桃品种和中华猕猴桃品种均用美味猕猴桃做砧木。

（7）苗木选择　品种纯正、根系发达、生长健壮、芽子饱满，无根结线虫、蚧壳虫、根腐病、疫毒病，符合猕猴桃苗木质量标准的一级苗。侧根、分生根3～4条，长度20cm左右，粗度0.4cm左右；苗木高度60cm左右，苗木粗度0.8cm左右；饱满芽5个以上；嫁接结合愈合良好，木质化程度高。

（8）雌株与雄株搭配　应配置花粉量大、亲和力强、花期基本相遇的授粉

雄株，雌雄比为5～8:1。

（9）栽植时间：秋载落叶至土壤冻结前，就地育苗的可于10月下旬带叶栽植；春栽从土壤解冻后至萌芽前。方法：按照规划开挖定植沟，沟宽 0.8～1.0m，沟深0.6m或开挖0.6m见方的定植穴。株施腐熟有机肥20kg以上、过磷酸钙1kg及适量菌肥，与熟土搅拌均匀后回填在定植点周围，浇水沉实，待土壤墒情适宜时栽植。栽植深度13～15cm，以苗木根颈部的土印大致与地面平行，嫁接口露在地面以上为准。栽植后灌一次透水，再在树盘上覆盖地膜，避开树干基部，保证成活，促进生长。密度：采用"T"型架，行株距（3.5～4）m×（2.5～3）m；采用大棚架，行株距（4×3）m～4m。

2.栽培管理技术

（1）土壤管理　新建园每年秋季应结合施基肥从定植沟向外深翻，沟宽、深各50cm左右，三年内全园通翻一遍。

（2）覆草　5月上旬，幼园和成龄园先在树盘撒施少许氮肥，再覆盖玉米秆、麦草、麦糠等，厚度10～15cm，上面散压少量土，连覆3～4年后结合深翻入土。切忌覆盖树干基部。

（3）行间生草　选种白三叶草、毛苕子、绿豆等绿肥，每年刈割2～3次，直接覆盖树盘，4～5年后翻压入土。要根据树冠大小留足营养带。①施肥原则：以有机肥为主，配施合格的商品肥。所施的肥料不应对果园环境或果实品质产生不良影响。②允许使用肥料种类：有机肥包括已经腐熟厩肥、沼渣肥、绿肥、饼肥、作物秸秆、堆沤肥、泥肥等。商品肥料包括经农业行政主管部门登记或免于登记允许使用的有机无机复混肥、微生物菌肥、腐殖酸肥和化肥。③施肥量：根据品种、树龄、树势、目标产量与土壤肥力确定实施肥量。氮、磷、钾的配比为1:0.7:0.8～0.9，有机氮与无机氮的配比不低于1:1。④时期与方法：秋季施基肥时，将全部有机肥和60%的化肥一次施入，第二年花前追施氮肥的20%，果实膨大前期追施氮、磷、钾肥的20%，果实采收前两个月追施磷、钾肥的20%。基肥：新建园结合深翻改土，每年在上年施肥沟的外围开沟施肥。全国深翻改土完后改用撒施，将肥料均匀地撒于地面，浅翻15～20cm。追肥：幼园在树冠投影范围内撒施，树冠封行后全面撒施，浅翻10～15cm。施肥后一般均应灌水，最后一次追肥必须在采收期30天前进行。⑤叶面喷肥：全年4～6次，花期硼砂300倍液；花后高效钙500倍液，生长前期尿素250~300倍液；中后期磷酸二氢钾250~300倍液或有机钾600倍液。⑥禁用肥料：未腐熟的农家肥、硝态氮肥、未登记的商品肥料及未经无害化处理的城市垃圾与含有金属、橡胶、塑料和其他有害物质的垃圾。

（4）灌水与排水　灌水：保持果园土壤湿度为田间最大持水量的70%~80%，低于65%时（清晨叶片上不显潮湿）应及时灌水。一般萌芽期、花前、花后均应各灌1次小水，果实迅速膨大期视土壤墒情可灌水2~3次；果实缓慢生长期至成熟期需水相对较少，根据土壤和天气状况可适当灌水；采收前15d左右应停止灌水；越冬前应灌一次透水。采用小沟灌、隔行灌、滴灌、微喷等，不可大水漫灌。排水：低洼易涝果园的四周应开挖1m以上的排水沟，果园面积较大的也要在园内开挖排水沟，并与四周排水沟相连。雨水过多时能及时排出。此类果园还可采用高垄栽植。

（5）整形修剪　①棚架"T"形架：顺树行每隔6m栽1个长2.5m、横断面12cm×12cm内有4根6#钢筋的混凝土立柱，地下埋入0.7m；地上外露1.8m；支柱上设置1个长2m、横断面15cm×10cm内有4根6号钢筋的混凝土横梁，形成"T"形支架。横梁上顺行架设5条8号镀锌铅丝，每行末端立柱外2m处埋设一地锚拉线，地锚体积不小于0.06m³，埋置深度1m。适于幼果至盛果初期果园应用。大棚架：立柱的规格、地锚拉线及栽植距离同"T"形架，要用三角铁将全园的支柱横向拉在一起；在三角铁上每隔50~60cm顺行架设一条8号镀锌铅丝，在纵横两端2m处埋设地锚拉线，埋置规格及深度同"T"型架。适于盛果中、后期果园应用。②整形：采用单主干上架，在主干接近架面的部位选留2个主蔓，分别沿中心铅丝伸展，在主蔓的两侧每隔30cm左右选留一个强旺结果母枝并与行向垂直固定在架面上。③修剪：休眠期修剪从12月下旬开始到第二年1月底结束。主要任务是：幼树促使快生长，早成形；结果数选配和更新结果母枝。选配结果母枝：应先选留距主蔓较近的健壮发育枝和结果枝，数量不足时再选留中庸枝做结果母枝，有较大空间时也可选留短枝补空。选留的结果母枝应在饱满芽处剪截。修剪后结果母枝应均匀分布在架面上，有效芽数保持在每平方米30~35个。更新修剪：选留和培养结果母枝基部发出或直接着生在主蔓上的枝条做新的结果母枝，将原来的结果母枝在更新枝附近回缩或疏除。结果母枝每年至少更新1/2。培养预备枝：选留着生在近主蔓处未留作结果母枝的枝条，应剪留2~3芽培养更新枝，其余枝条全部疏除。同时，剪除病虫枝、干枯枝，清除病僵果。生长期修剪：抹芽、萌芽到生长前期，抹除主干、主蔓上着生位置不适和过密及剪锯口附近的萌芽、瘪芽，每周进行一次。疏枝：显蕾后结果母枝相隔15~20cm保留1个结果枝，每平方米架面保留10~12个结果枝。及时疏除细弱枝、密生枝、双芽枝、病虫枝及不可利用的徒长枝。生长季节每两周检查疏除一次，除在接近主蔓的部位全树保留20个预备枝外，未结果的发育枝应尽早疏除。摘心：对生长强旺的结果枝和发育枝，在其顶端开始弯曲缠绕时轻摘心，其上发出的二次枝只保留一个，顶端开始缠绕时再次摘心。海沃德品种抗风力弱，早春新梢生长15~20cm时对全部新梢进行摘心，一周后发出的2次枝抗风力弱。④绑蔓：新梢长到30~40cm时开始绑蔓，使其均匀分布在架面上。两周拉绑一次。

（6）花果管理 ①疏蕾：侧花蕾分离后两周开始疏蕾，先疏除结果枝上过密的衰弱结果枝；再疏除结果枝上的侧生花蕾、畸形花蕾及病虫危害的花蕾。留花蕾标准：强壮结果枝5~6个，中庸结果枝3~4个，短果枝1~2个。②授粉：提倡蜜蜂授粉，蜂源不足或受气候影响蜜蜂活动时可采用人工授粉。蜜蜂授粉：约有10%的雌花开放时，每2~3亩果园放置一箱蜜蜂，对果园内外与猕猴桃花期相同的作物、绿肥等应在花前刈割，以免干扰蜜蜂受粉。人工授粉：采集当天初开、花粉未散的雄花，用其雄蕊在雌花柱头上涂抹，每朵可点授7~8朵；也可采集即将开放的雄花，在25~28℃条件下干燥12~16h，收集散出的花粉于低温干燥处保存，当雌花开放时花粉稀释5倍，用人工或机械将花粉撒到雌花柱头上。③疏果：落花后10~15d先疏、侧果、畸形果、病虫果、碰伤果和扁平果，选留发育良好、果梗粗壮、果形整齐且分布均匀的幼果。健壮果枝留果3~4个，中庸果枝1~2个，短果枝留1个或不留。成龄园每平方米架面留果40个左右。④禁用大果灵：严禁使用"大果灵"及其类似果实膨大剂等植物生长调节剂喷洒，非正常促使果实膨大，影响果实商品性和安全性。⑤花后40~45d对套袋品种应喷一次杀虫杀菌剂，对幼果喷布均匀周到，然后套袋。绿肉品种宜套浅色单层纸袋,黄肉品种宜套外灰内黑单层纸袋，套袋操作中要避免碰伤幼果及果柄。果实采收前3~5d提前撕开纸袋。

图3-1 疏蕾

图3-2 疏果

图3-3 套袋与除袋

第二节 猕猴桃的病虫害及防治

猕猴桃病虫害贯彻"预防为主,综合防治"的植保方针,根据病虫害发生加强预测、预报,及时采取农业、物理、生物和化学防治技术措施,综合控制病虫危害。尽量控制用药次数,有效防治病虫危害,做到长治久安。

目前已发现的猕猴桃主要病害有:溃疡病、花腐病、根结线虫病、根腐病、炭疽病、灰霉病、疫霉病、枝枯病、黑斑病、褐斑病等。

主要虫害有:桑白蚧、草履蚧、叶螨、金龟甲、斑衣蜡蝉、蟓象、东方小薪甲、红蜘蛛、桃蛀螟、大青叶蝉等。

一、病害

1.根腐病

根腐病早期症状表现为植株生长不良、叶片变黄等。侵入根颈部的病菌主要沿主根和主干蔓延,初期根颈部皮层出现黄褐色块状斑,皮层软腐,韧皮部易脱落,内部组织变褐腐烂。当土壤湿度大时,病斑迅速扩大并向下蔓延导致整个根系腐烂,病部流出许多褐色汁液,木质部变为淡黄色,叶片迅速变黄脱落,树体萎蔫死亡。后期病组织内充满白色菌丝,

图3-4 根腐病

腐烂根部产生黑色根状菌索,危害相邻植株根系。感病的病株,表现为树势衰弱,产量降低,品质变差,严重时会造成整株死亡,对生产影响极大。发生根腐病的果园一般不能再次栽植建园。

防治措施:

(1)建园时要因地制宜,选择土壤肥沃、排灌设备良好的田块建园。不要在土壤pH值大于8的地区建园。注意选用无病苗木或苗木消毒处理。不要定植过深,不施用未腐熟的肥料,杜绝病害的发生。

(2)加强果园管理,增强树势,提高树体抗性。如生产上重施有机肥,采用合理的灌溉方式,切忌大水漫灌或串树盘灌,有条件的地方可实行喷灌或滴灌。依树势合理负载,适量留果等。

(3)结合深翻进行土壤药剂处理,消灭其他地下害虫,控制病害的扩展和蔓延。防治上可选用40%安民乐乳油400～500倍液,或40%好劳力乳油400～500倍液,或用乐斯本进行土壤处理,既可消灭根结线虫,又可消灭地下害虫,降低

害虫越冬基数，大大减轻来年危害。

（4）发现病株时，将根颈部土壤挖开，仔细刮除病部并用0.1％的汞或生石灰消毒处理，然后在根部追施腐熟农家肥，配合适量生根剂以恢复树势。也可以选用25％金力士乳油3 000～4 000倍或80％金纳海水分散粒剂400倍加生根剂混合液灌根处理，其效果不错。发病严重的果园，要及时拔除田间病株、土壤中残留的树桩及已感染病菌的根系，并要随时集中销毁。

2.疫霉病（也叫烂根病）

疫霉病主要危害根，也危害根颈、主干、藤蔓。发病症状有两种：一种为从小根发病，皮层水渍状斑，褐色，病斑渐扩大腐烂，有酒糟味。随着小根腐烂，病斑逐渐向根系上部扩展，最后到达根颈。另一种为根颈部先发病。发病初期主干基部和根颈部产生圆形水渍状病斑，后扩展为暗褐色不规则形，皮层坏死，内部呈暗褐色，腐烂后有酒糟味。严重时，病斑环绕茎干，引起主干环割坏死，延伸向树干基部，最终导致根部吸收的水分和养分运输受阻，植株死亡。地上部症状均表现为萌芽晚，叶片变小、萎蔫，梢尖死亡。严重者芽不萌发，或萌发后不展叶，最终植株死亡。

防治方法：

（1）通过重施有机肥改良土壤，改善土壤的团粒结构，增加土壤的通透性。保持果园内排水通畅不积水，降低果园湿度，预防病害的发生。

（2）避免在低洼地建园，在多雨季节或低洼处采用高畦栽培。

（3）不栽病苗，并在施肥时注意防止树根部受伤。

（4）猕猴桃栽植深度以土壤不埋没嫁接口为宜。已深栽的树干，要扒土晾晒嫁接口，减轻病害发生。

（5）化学防治　发病初期，可以视病情发生程度扒土晾晒，并选用65％普德金可湿性粉剂300倍，或80％保加新可湿性粉剂400倍，或80％金纳海水分散粒剂400倍+柔水通4 000倍混合液对主干基部、主干上部和枝条喷雾；必要时可用25％金力士乳油2 000～3 000倍，或70％纳米欣可湿性粉剂50倍+柔水通4 000倍混合液等灌根；病情较重者，仔细刮除病斑，再用25％金力士乳油200～300倍+柔水通600～800倍混合液涂抹处理；严重发病树，刨除病树烧毁。用柔水通改变水pH值，使水的碱性变中性，提高药效、渗透性及附着性，防治效果明显。以上用药可交替使用。

3.褐斑病

褐斑病主要危害叶片，也危害果实和枝干。发病部位多从叶缘开始，初期在叶边缘出现水渍状暗绿色小斑，后病斑顺叶缘扩展，形成不规则大褐斑。发生在叶面上的病斑较小，3～15mm²，近圆形至不规则形。在多雨、高温条件下，叶缘病部发展迅速，病组织由褐变黑引起霉烂。正常气候条件下，病斑周围呈现深褐色，中部色浅，其上散生许多黑色点粒。病斑为放射状、三角状、多角状混合形，多个病斑相互融合，呈不规则大枯斑，叶片卷曲破裂，干枯易脱落。高温、干燥气候

图3-5　褐斑病果

下，被害叶片病斑正反面呈黄棕色，内卷或破裂，导致提早枯落。果面感染，出现淡褐色小点，最后呈不规则褐斑，果皮干腐，果肉腐烂。后期枝干也受病害，导致落果及枝干枯死。

防治方法：

（1）加强果园土肥水的管理，重施有机肥，合理排灌，改良土壤；根据树势合理负载适量留果，维持健壮的树势是预防病害发生的基础。

（2）清洁果园。结合冬季修剪，彻底清除病残体，并及时清扫落叶落果，是预防病害发生的重要措施。

（3）科学整形修剪，注意夏剪，保持果园通风透光。夏季高温、高湿是病害的高发季节。注意控制灌水和排水工作，以降低湿度，减轻发病程度。

（4）发病初期应加强预测预报，及时防治。可选用70%纳米欣可湿性粉剂1 000～1 500倍，或50%鸽哈悬浮剂1 000～1 500倍，或25%金力士乳油6 000～7 000倍，或75%耐尔可湿性粉剂500倍，42%喷富露悬浮剂500～600倍，隔7～8d喷1次，喷2～3次，可有效地控制病害流行。

4.花腐病

花腐病主要危害花，也危害叶片，重则造成大量落花和落果。发病初期，感病花蕾、萼片上出现褐色凹陷斑，随着病斑的扩展，病菌入侵到芽内部，花瓣变为橘黄色，开放时呈褐色并开始腐烂，花很快脱落。受害轻的花虽然也能开放，但花药、花丝变褐或变黑

图3-6　花腐病果

后腐烂。病菌入侵子房后，常常引起大量落蕾、落花，偶尔能发育成小果的，多为畸形果，受害叶片出现褐色斑点，逐渐扩大，最终导致整叶腐烂，凋萎下垂。

防治方法：

（1）加强果园管理，增施有机肥，及时中耕，合理整形修剪，改善通风透光条件，合理负载，均能增强树势，减轻病害的发生。

（2）在开花前1个月进行主干环剥，具有明显的防治效果。

（3）花腐病发生严重的果园，萌芽前喷80～100倍波尔多液清园；萌芽至花前可选用80%金纳海水分散粒剂600～800倍，或喷1 000万单位农用链霉素可湿性粉剂400倍，或2%春雷霉素可湿性粉剂40倍，或2%加收米可湿性粉剂400倍，或50%加瑞农可湿性粉剂800倍等+柔水通4 000倍混合液喷雾防治。

5.溃疡病

溃疡病花蕾期染病，在开花前变褐枯死，枯萎不能绽开，少数开放的花也难结果。花器受害，花冠变褐呈水渍状，花萼一般不受侵染，或仅形成坏死小斑点，花瓣变褐坏死。叶片受害后，染病的新叶正面散生暗褐色不规则或多角形小斑点，出现1～3mm²暗褐色病斑，病斑周围有淡黄色晕圈，叶背病斑后期与叶面一致，但颜色深暗，渗出白色粥样的细菌分泌物，在干燥天气下，渗出物失水呈鳞块状，高湿条件下病斑变红褐色。

图3-7 溃疡病花蕾

枝干和藤蔓染病，冬季症状不易被发现，细心观察可见枝干上有白色小粒状菌露渗出；春季渗出物数量增多，黏性增强，遇温度变化颜色转为赤褐色，分泌物渗出处的树皮为黑色，渗出物流至萌芽期。在幼芽、分枝和剪痕处，常出现许多赤锈褐色的小液点，这些部位的皮层组织

图3-8 溃疡病枝干

也呈赤褐色。剥开树皮，可见到褐色坏死的导管组织及邻近的变色区，皮层被侵染后导致皱缩干枯；病枝上常形成1～2mm²宽的裂缝，周围渐形成愈伤组织。严重发病时主枝死亡，不发芽或不抽新梢，近干基处抽出大量长枝。藤蔓上感病处显深绿至墨绿色水渍状，其上易出现1～3mm²长的纵裂缝。在潮湿条件下，从裂缝及邻近病斑之皮孔处分泌出大量菌渗物，病斑扩大后全部嫩枝枯萎。晚春发病

的枝藤，病斑周围形成愈伤组织，表现出典型的溃疡病症状。

防治措施：

（1）农业防治　主要是加强果园土肥水的管理，合理整形修剪，适量负载，减少伤口，维持健壮的树势，增强树体的抗病性和抗逆性，减轻病害的发生。

（2）化学防治　发病初期（春秋季嫩梢抽生期），喷保护性杀菌剂，如80％金纳海水分散粒剂800～1 000倍，或70％DTM可湿性粉剂1 000倍等+柔水通4 000倍混合液，间隔7～10d，连喷3～4次。常用药剂还有农用链霉素、金纳海、春雷霉素、加收米、必备、加瑞农等，按使用说明轮换使用即可。

（3）因该病主要通过机械损伤和病虫危害的伤口入侵，所以生长期一定要控制虫害的发生。建议每次喷药时加喷杀虫剂和杀菌剂（真菌、细菌兼治），以提高防治效果。经试验，采用80％金纳海水分散粒剂800～1 000倍+40％安民乐乳油1 000～1 500倍+柔水通4 000倍混合液防效显著。如果园生草或靠近山地，虫害严重，还可采用40％安民乐或好劳力乳油400～500倍液处理地表。

（4）先将病斑均匀轻刮，露出新生组织后，再涂抹25％金力士乳油20嘴+72％农用链霉素可湿性粉剂1 000倍+柔水通800倍混合液，或25％金力士20倍乳油+80％金纳海水分散粒剂30倍+柔水通800倍混合液，或25％金力士乳油200倍+70％，DTM50倍+柔水通800倍混合液均可。

（5）严格检疫　不准病区种苗、接穗及果实进入未发病区。

6.灰霉病

灰霉病主要发生在猕猴桃花期、幼果期和贮藏期。花朵染病后变褐并腐烂脱落。幼果发病时，首先在残存的雄蕊和花瓣上密生灰色孢子，接着幼果茸毛变褐，果皮受侵染，严重时可造成落果。带菌的雄蕊、花瓣附着于叶片上，并以此为中心，形成轮纹状病斑，病斑扩大，叶片脱落。如遇雨水，该病发生较重。果实受害后，表面形成灰褐色菌丝和孢子，后形成黑色菌核。贮藏期果实易被病果感染。

防治方法：

（1）农业防治　①实行垄上栽培，注意果园排水，避免密植，保持良好的通风透光条件是预防病害的关键。秋冬季节注意清除园内及周围各类植物残体、农作物秸秆，尽量避免用木桩做架。②生长期要防止枝梢徒长，对过旺的枝蔓进行夏剪，增加通风透光，降低园内湿度，减轻病害的发生。③采果时应避免和减少果实受伤，避免阴雨天和露水未干时采果。④入库前要仔细剔除病果，必要时采用药剂处理，防止二次侵染。⑤入库后，应适当延长预冷时间，努力降低果实

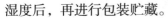

湿度后，再进行包装贮藏。

（2）化学防治　①花前喷50%鸽哈悬浮剂1 000倍，或70%纳米欣可湿性粉剂1 000～1 500倍+柔水通4 000倍混合液。②花后可选喷80%金纳海水分散粒剂600～800倍，或42%喷富露悬浮剂600～800倍，或50%速克灵可湿性粉剂500倍液，或50%扑海因可湿性粉剂1 500倍，或40%百可得可湿性粉剂100倍+柔水通4 000倍混合液均可。每隔7d喷1次，连喷2～3次。③采前一周喷50%鸽哈悬浮剂1 000倍，或70%纳米欣可湿性粉剂1 000～1 500倍+柔水通4 000倍混合液。

7.炭疽病

炭疽病不但危害果实，也危害枝蔓和叶片。受害叶片常从边缘起出现灰褐色病斑，初呈水渍状，病健交界明显，逐渐转为褐色不规则形斑；后期病斑中间变为灰白色，边缘深褐色，其中散生许多小黑点。病叶叶缘稍反卷，易破裂。受侵害的枝蔓上出现周围褐色、中间有小黑点的病斑。受害果实表面最初为水渍状、圆形病斑，逐渐转成褐色、不规则形腐烂斑，最后整个果实腐烂。

防治方法：

（1）加强果园土肥水管理，重施有机肥，合理负载，科学整形修剪，创造良好的通风透光条件，维持健壮的树势，减轻病害的发生。

（2）结合秋季施肥和冬季修剪，清扫落叶落果，疏除病虫危害的枝条，消灭越冬的菌源。

（3）萌芽前，全园喷洒一次25%金力士乳油6 000倍+柔水通4 000倍混合液，或5波美度石硫合剂以消灭树体表面的病菌。

（4）开花前，全园再喷洒一次25%金力士乳油6 000倍，或70%纳米欣可湿性粉剂1 000倍，或50%鸽哈悬浮剂1 000倍+柔水通4 000倍混合液，兼防灰霉病。

（5）发病初期，可选用70%纳米欣可湿性粉剂1 000倍，或80%金纳海水分散粒剂80倍，或50%鸽哈悬浮剂1 000倍，或42%喷富露悬浮剂600～800倍，或80%保加新可湿性粉剂800倍，或25%金力士乳油6 000～7 000倍+柔水通4 000倍混合液全园喷雾防治，注意间隔5～7d，连喷2～3次。

（6）受害果不得入库或和好果混装外运。

8.黄叶病

线虫病类黄叶病主要是北方根结线虫病和花生根结线虫病。地下根系初期生有结节，根皮外观颜色正常，大结节表面粗糙，后期结节及附近根系均腐烂，变成黑褐色，解剖腐烂结节，可见乳白色梨形或柠檬形线虫。植株感染线虫后地上部的表现为植株矮小，枝蔓、叶黄化衰弱，叶、果小，易落。病原线虫在土壤的病根及虫瘤内外越冬，也可混入粪肥越冬，翌年气候回升时，幼虫从根尖处侵入危害，其卵在土壤中分批孵化进行再侵染。

根腐病类黄叶病：根腐病为根系毁灭性真菌病害，病菌在病根和土壤中越冬，翌年遇高温高湿气候发病。病菌经工具、雨、水、害虫传播，由皮孔、伤口入侵，主要危害根部，引起树干地上部表现为叶片变黄脱落，树体萎蔫死亡。

缺素类黄叶病主要是由缺铁、镁、锌三种元素引起。①缺铁：轻者幼叶呈现淡黄色或黄白色脉间失绿，症状从叶缘起向主脉推进，老叶正常，重者先幼叶后老叶，以至于枝蔓上的全部叶片均失绿黄化，甚至叶脉失绿黄化或白化，叶片变薄，易脱落，果实小而硬，果皮粗糙。②缺镁：症状多出现在老叶上，失绿斑多沿叶缘一定距离规则排列，主侧脉两边的健康绿色组织带较宽，失绿组织与健康组织间的界限较明显。③缺锌：老叶呈现亮黄色脉间失绿，叶缘较重，老叶脉间黄化更明显。有时新梢有小叶现象，小叶表现为窄长生长，不向宽发展。缺锌不仅影响地上部生长，还影响侧根的发育。负载量过大，连年使用膨大剂，果多而超过树体的负载，营养不足引起黄化。

防治方法：线虫病及根腐病防治参照前面的方法。缺素症要注意平衡施肥，合理留花留果增强树势，提高抗病能力。缺素症严重的果园除重施有机肥外，还应注意每次喷药时加斯德考普6 000倍，必要时配合斯德考普12 000～15 000倍滴灌或灌根即可。还要合理负载，不滥用膨大剂。

二、虫害

1.东方小薪甲

单个果不受害，只有两个相邻果挤在一块时受害。受害后果面出现像针尖大小的孔，果面表皮细胞形成木栓化组织，凸起成痂，受害后有明显小孔而表皮下果肉坚硬，吃起来味差，没有商品价值。

防治方法：要从源头上减少东方小薪甲发生。冬季彻底清园，刮翘皮后集中烧毁。5月中旬当猕猴桃花开后及时防治，连续喷2次杀虫药，一般间隔10～15d一次。选用40％好劳力或40％安民乐乳油1 500倍+25％金力士乳油7 500倍液+柔水通4 000倍液（兼治褐斑病）。也可临时性用2.5％虫赛死乳油2 000～3 000倍液+柔水通4 000倍液。

2.桑白蚧

桑白蚧，又名桑白盾蚧、桑盾蚧、桑介壳虫、桃介壳虫等。桑白蚧属同翅目，盾蚧科昆虫。

危害情况：该虫主要以雌成虫和雄若虫群集在植物枝干上，以刺吸式口器吸取皮层养分，危害严重时可见分泌白色蜡粉，枝条表面布满灰白色介壳。偶有

危害果实和叶片。被害枝表现为芽子尖瘦，叶片小而黄，最后脱落。严重时介壳重叠密集，使枝干表面凹凸不平，甚至全株死亡；轻者削弱树势。

图3-9　桑白蚧枝干

防治方法：

（1）加强苗木和接穗的检疫，防止扩大蔓延。

（2）果树休眠期用硬毛刷或细钢丝刷，刷掉枝上的虫体，结合整形修剪，剪除虫害严重的枝条。也可在若虫盛发期，用钢丝刷、铜刷、竹刷、草打等刷除密集在主干、主枝上的虫体。

（3）早春萌芽前喷40％融蚧乳油1 000倍+柔水通4 000倍，或5波美度石硫合剂或柴油乳剂。融蚧乳油只能在发芽前用1次。

（4）保护和利用天敌消灭桑白蚧。目前已知桑盾蚧的天敌有红点唇瓢虫、黑缘红瓢虫、二星瓢虫、肾斑唇瓢虫、蚜小蜂和日本方头甲、草蛉与寄生菌等多种。捕食量最大首推黑缘红瓢虫和红点唇瓢虫，一头成虫和高龄幼虫日捕食桑盾蚧幼、若虫数十头。一头方头甲幼虫和成虫日捕食盾蚧幼、若虫10余头。生产中应该予以保护或迁移释放利用。

（5）若虫孵化期喷药防治。春季发现成虫已大量产卵时，随时剪取密布桑白蚧雌介壳的枝条或削掉介壳密集的树皮10～20段，稍微阴干后分别放入玻璃管中，将玻璃管吊挂在树冠内阳光不能直射的地方，每天观察管壁上是否有若虫。当发现管壁上有密密麻麻的若虫爬行时，应在5～6d进行第一次喷药（此时卵孵化率约50％），再过5～6d进行第二次喷药（此时孵化率为90％以上）。选用的药剂有：40％安民乐乳油1 000～1 500倍，或40％好劳力乳油1 000～1 500倍。因介壳虫虫体微小，建议用药时添加柔水通4 000倍，以调节水质，提高黏着性，增加渗透性，充分发挥农药的触杀效果。

3.草履蚧

草履蚧的卵和初孵化若虫在树干基部土壤里越冬。2月下旬至3月上旬若虫上树危害嫩枝和嫩芽，虫体上分泌白色蜡粉。

防治方法：

（1）秋冬季结合深翻施肥，挖除树干周围的卵囊，集中烧毁。

（2）2月上中旬，树干基部涂10～15cm宽的药带，也可在若虫上树前用40％安民乐乳油或40％好劳力乳油400倍液浇灌树干周围，直径60～70cm，消灭上树的若虫。如果虫量很大，必须进行化学防治时，可在发芽后若虫发生期喷40％

融蚧乳油1 000~1 500倍，或40％安民乐乳油1 000倍，或40％好劳力乳油1 000倍+柔水通4 000倍混合液。

4.大青叶蝉

大青叶蝉又名大绿浮尘子、青叶跳蝉等，属同翅目叶蝉科。大青叶蝉成虫产卵时用产卵器刺破枝条表皮使其呈月牙状翘起，产卵于枝干皮层中，导致枝条失水，常引起冬、春抽条和幼树枯死。

防治方法：

（1）幼树园和苗圃地附近最好不种秋菜，或在适当位置种秋菜诱杀成虫，杜绝上树产卵。间作物应以收获期较早的为主，避免种植收获期较晚的蔬菜和其他作物。

（2）以有机肥料或有机、无机生物肥为主，不过量施用氮肥，以促使树干当年生枝及时停长成熟，提高树体的抗虫能力。

（3）在夏季夜晚设置黑光灯，利用趋光性，诱杀成虫。

（4）1~2年生幼树，在成虫产越冬卵前用塑料薄膜袋套住树干，或用（1：50）（1：100）的石灰水涂干、喷枝，阻止成虫产卵。

（5）发生严重虫害的果园，可选用2.5％虫赛死乳油1 500倍，20％阿托乳油2 000倍，40％安民乐乳油1 000倍+柔水通4 000倍混合液全园喷雾防治。一般间隔7~10d，连喷2~3次，以消灭迁飞来的成虫。

5.金龟子

危害猕猴桃的金龟子种类有10多种，有茶色金龟子、小青花金龟子、小绿金龟子、白星金龟子、斑啄丽金龟子、黑绿金龟子、华北大黑鳃金龟子（朝鲜大黑鳃金龟子）、黑阿鳃金龟子、华阿鳃金龟子、无斑弧丽金龟子、华弧丽金龟子和铜绿金龟子、苹毛金龟子等。

危害情况：幼虫和成虫均危害植物，食性很杂，几乎所有植物种类都吃。成虫吃植物的叶、花、蕾、幼果、嫩梢，幼虫啃食植物的根皮和嫩根。危害的症状为不规则缺刻和孔洞。秦美等猕猴桃品种因果皮有毛，金龟子不喜食，受害较轻。金龟子在地上部食物充裕的情况下，多不迁飞，夜间取食，白天就地入土隐藏。

防治方法：

（1）利用其成虫的假死性，在集中危害期，于傍晚、黎明时分进行人工捕杀。

（2）利用金龟子成虫的趋光性，在集中危害期，于晚间用蓝光灯诱杀。

（3）利用某些金龟子成虫对糖醋液的趋化性，在活动盛期，放置糖醋药罐头瓶诱杀。

（4）在蛴螬或金龟子进入深土层之前，或越冬后上升到表土时，中耕圃地和果园，在翻耕的同时，放鸡吃虫。

（5）在播种或栽苗之前，用40%安民乐乳油或40%好劳力乳油40倍全园喷雾或浇灌，处理土壤表层后，深翻20~30 cm，以消灭蛴螬。

（6）花前2~3d的花蕾期，喷洒2.5%虫赛死乳油150嘴，20%阿托力乳油2 000倍，40%安民乐乳油100嘴+柔水通4 000倍混合液，配合用40%安民乐乳油或40%好劳力乳油300~400倍液喷雾地表并中耕，消灭金龟子于出土前。

6.蝽象

危害猕猴桃的蝽有菜蝽、麻皮蝽、二星蝽、茶翅蝽、广二星蝽、斑须蝽、小长蝽等。

危害情况：危害部位为植物的叶、花、蕾、果实和嫩梢。组织受害后，局部细胞停止生长，组织干枯成疤痕，硬结，凹陷；叶片局部失色和失去光合功能，果实失去商品价值。

防治方法：

（1）冬季清除枯落叶和杂草，刮除树皮，进行沤肥或焚烧。

（2）利用成虫的假死性和趋化性，在活动盛期人工捕杀或设置糖醋液诱杀。

（3）在大发生之年秋末冬初时，成虫寻找缝隙和钻向温度较高的建筑物内准备越冬之际，定点垒砖垛，砖垛内设法升温，加糖醋诱剂，砖缝中涂抹粘虫不干胶，粘捕越冬成虫，以减少翌年虫口基数。

（4）危害期注意利用蝽象清晨不喜活动的特点喷药防治。可选用20%阿托力乳油300倍，或2.5%虫赛死乳油2 000~3 000倍，或瑞功水乳剂3 000~4 000倍+柔水通4 000倍混合液，全园喷雾防治。

7.叶螨

危害猕猴桃的叶螨类主要有山楂叶螨、苹果叶螨、二斑叶螨、朱砂叶螨、卵形短须螨等。

危害情况：叶螨形体很小，红或褐色。常附着在芽、嫩梢、花、蕾、叶背和幼果上，用其刺吸式口器汲取植物的汁液。植物被害部位呈现黄白色到灰白色失绿小斑点，严重时失绿斑连成片，最后焦枯脱落。

防治方法：

（1）结合冬季清园，清扫落叶落果，疏除病虫枝蔓并集中烧毁或深埋。

（2）注意利用天敌抑制叶螨的暴发，通过果园生草虫或帮助迁移食螨瓢虫、小花蝽、食虫盲蝽、草蛉蛉、蓟马、隐翅甲、捕食螨等,以虫治螨。减少农药的使用量,局部用药,以保护叶螨的天敌。

（3）化学防治:花期用20%螨死净乳油2 000倍液,或15%哒螨灵可湿性粉2 000~3 000倍,或1.8%阿维菌素乳油3 000~4 000倍+柔水通4 000倍混合液;花期后和夏季则可选择73%螨涕乳油2 000~3 000倍,或5%尼索朗乳油3 000倍,或1.8%阿维菌素乳油3 000~4 000倍+柔水通混合液。

第四章 猕猴桃鲜果的贮藏保鲜技术

　　猕猴桃果实为一个活体，从树上采摘下来以后，仍然进行着呼吸和营养物质转化等一系列生理、生化活动。猕猴桃果实采后发生快速软化，是影响贮藏的主要因素。猕猴桃软化主要是由于果实组织内的多糖水解酶和乙烯合成酶，促进物质的降解和产生乙烯，进而增强果实的呼吸作用和其他成熟衰老代谢。猕猴桃对乙烯耐受力差，环境中微量的乙烯对猕猴桃就有催熟作用。贮藏的目的，就是通过人工控制，尽量降低乙烯合成酶、多糖水解酶、淀粉酶的活性，延缓果实的后熟过程，从而延长和调节鲜果的市场供应时间。贮藏的原理是为果实提供一个维持最低生命活动的环境。影响猕猴桃果实贮藏的主要因素，有温度、相对湿度、氧气、二氧化碳和乙烯含量。其中低温、低氧、低乙烯和高二氧化碳浓度，对抑制果实呼吸和生命活动起主要作用；较高的相对湿度能使果实保持新鲜。

第一节 鲜果贮藏保鲜前要求

一、选择贮藏品种

　　不同品种贮藏能力差异较大，贮藏方法不同。一般来说，美味猕猴桃比中华猕猴桃耐贮藏；硬毛品种比软毛品种耐贮藏；绿肉品种比黄肉、红肉品种耐贮藏；晚熟品种比早熟品种耐贮藏。

　　同一品种不同的栽培环境、不同的管理水平对贮藏的影响都很大。滥用大果灵的果实不耐贮藏；树体郁闭光照不足的不耐贮藏；超负载挂果及发育不全的果实、黄化果、畸形果不耐贮藏。在同一批果中，中等大小的果实较耐藏；

图4-1 猕猴桃果实选择

在同一树冠的果实中，光照好、着色好的果实耐藏。

二、确定采收时期

1.采收期的确定

果实的采收既是栽培过程的终结，又是贮藏过程的开始。所以，采收期的选择不仅直接关系到水果的品质，还和果实贮藏性能密切相关。早、中、晚熟品种，应在该品种成熟且具备其固有特征时采收。应根据不同用途（鲜食、加工、贮藏）掌握其适宜成熟度及时采收。鲜食是在接近九成熟时采收的；制作果汁或果酱用的果实，如是短途运输，加工厂能及时处理的可在九成熟时采收；制作糖水切片罐头用的果实，可以八成熟时采收；贮藏用的果实在商业成熟度时采收。只有适时采收，才能获得品质优良、耐贮性好的果品。

不同采收期对猕猴桃的耐贮性能影响很大。中国农业科学院特产研究所曾以软枣猕猴桃魁绿果实做试验材料，对不同采收期的果实贮藏效果进行研究。结果表明，采收过早的果实，未达到该品种应有的体积、重量和固有的风味，贮藏一段时间后，虽然果肉硬度较大，但可溶性固形物含量低、口味平淡、酸涩、芳香味淡；采收过晚的果实，一部分已经变软，不耐贮藏；而采收适期的果实，其营养成分、果实重量、风味都达到了较好的状态，耐贮性也比较好。

猕猴桃的采收期，可根据其果实生长期、果实硬度及果面特征变化等来确定。

（1）果实生长期　不同品种或同一品种在不同地方种植，其成熟期和采收期均不一样。因此，不能简单地把某一时期确定为采收期。但栽培在同一地区的同一品种，从果实生长到成熟的整个发育过程中经历的时间大致相同。根据每年气候来确定最佳采收时期。气候有差别，生长期应以年平均数作参考。遇到高温干旱或低温多雨年份，采收期可适当提前或推后几天。当地果农根据多年积累的种植经验，基本上能凭借果实生长期来确定采收期。

（2）果实的硬度　未成熟的果实，由于原果胶含量多，果实坚硬。在果实成熟后，原果胶在果胶酶的作用下，分解为可溶性果胶、果胶酸醋等，淀粉则在淀粉酶的作用下转化为单糖，导致细胞结构受损，果肉硬度下降，果实变软。因此，也可根据果实硬度确定果实采收期。不同品种之间耐贮性也有较大差异，耐贮品种的果实硬度较高，不耐贮品种的果实硬度稍差，一般以果实硬度14~15kg/cm²为采收期，不耐贮藏品种可低于10kg/cm²时采收。果实的硬度可以用果实硬度计测定，生产中常用的有HC-12型果实硬度计和GY-1型果实硬度计。

（3）通过果皮颜色和果实采摘的难易程度确定采收期。猕猴桃果实成熟时，果皮大多为棕褐色、黄褐色和灰绿色，可观察猕猴桃果皮褐色加深程度和叶片老化程度，确定采收期。也可根据多年积累的经验进行判断。

一般情况下，果实在达到采收成熟度时，果脐与果梗间形成离层，采摘时，手握果实轻轻旋转即可使果实与果柄分离；而未成熟的果实在采摘时，就需稍用力。在生产实践中，可结合两者情况及特点，来大致确定果实的采收期。

（4）可溶性固形物含量　可溶性固形物中主要是糖，根据糖酸比值可判断果实的品质和成熟程度。果实成熟度高，则糖分高，酸少，糖酸比值大；果实成熟度低，则糖酸比值小。采收时果实中可溶性固形物含量与果实软熟后的质量有密切关系。因此，人们可根据可溶性固形物含量来确定最佳采收时期。

通常在果实硬熟期，淀粉含量从最高值开始下降，果实中全糖增加，淀粉和全糖组成的碳水化合物含量达到最大值时。对于味美、质优、适宜贮藏的海沃德猕猴桃，其成熟度指标是可溶性固形物达7%～7.5%。中华猕猴桃果实生长期为140～150 d，美味猕猴桃则需170 d生长期才能成熟。近年来，国内专家对中华猕猴桃的采收时期进行过研究，一些专家以石东79-09为试材，经过研究认为采收时果实可溶性固形物含量应大于8%；而另一些专家则认为猕猴桃的可采摘成熟度、使用成熟度与食用成熟度分别为6.5%～7.5%、9%～12%、12%～18%。目前，中华猕猴桃和美味猕猴桃品种可溶性固形物含量以6.5%为最低采收指标。但有些地方认为指标偏低，中华猕猴桃和美味猕猴桃应定在7%～9%，软枣猕猴桃在达到9%～11%时才能采收。总的来说，适期采收在保证果实质量的前提下，应结合当地具体情况与多年观察确定采摘适期，不能盲从。

①可溶性固形物的测定　可溶性固形物含量与年份、地区和果园土质有关。在同一株树上，不同部位果实之间也存在着一定的差异。测定时，从园中选一株有代表性的树做标记，每年把这株树作为采样树，采样树每园选5株，每株随机取3～4个果，每果分析一次。由于果实之间的可溶性固形物含量存在差异，所以必须有一定数量的取果。不能选用伤、残、次、有病虫害的果实。

用手持糖量计测定可溶性固形物含量。测定时，向果实中部不同方向，用锋利的刀片分别取3～4个直径为1cm左右的圆片，用轻便式榨汁器榨取果汁，将澄清的果汁滴在手持折光仪上，读取读数，以多次测定结果的平均值为最终结果。

②淀粉含量的测定　果实生长前9周淀粉含量较高，以后降至早期的2/3后再回升，到23周时果实充分长大，淀粉含量达最大值。采收后的贮藏过程中，随着贮藏环境的变化和贮藏时间的延长，果实内所含淀粉逐渐转化为糖，淀粉含量逐渐下降。根据淀粉的系列变化，可利用淀粉遇碘液呈蓝色这一特性，来检验果实

在采收时的成熟度和贮藏中的品质。

具体操作：用切片刀将果实的果肉切成非常薄的小片，放在载玻片上，滴上1~2滴碘液，约经1min，用吸水纸吸干，加盖玻片放在显微镜下用低倍镜头观察果肉上淀粉的分布情况。如果不出现蓝色，就表明淀粉消失了。此操作过程比较麻烦且设备要求较高，大多数果农并不具备检验条件。在生产实践中，可将果实纵剖，直接把果面浸入碘液，约经1min，用清水冲去浮色，与比色卡对照。果实中的淀粉含量越高，果肉染色后颜色就越深；相反，染色后颜色就越浅。在果实成熟前2~3周，淀粉含量呈上升趋势，到果实停止发育时含量达最大值，在这个过程中，碘液染色后的颜色逐渐加深直至达到最深；果实采收后，淀粉逐渐水解转化为糖，含量相应减少，碘液染色后的颜色则逐渐变浅。

三、采前处理

做好病虫害防治、疏枝摘叶、通风透光等果园管理，使果实充分着色。

（1）在采收前20d、10d分别喷施0.3%氯化钙溶液各一次，以提高果实耐贮性。

（2）确定采收适期后，还应注意在采前10d左右，果园应停止灌水，为长途运输销售和长期贮藏提供可靠的质量保障。如果下过大雨，应在3~5d后进行采收。采前灌水对果实耐贮性有不利影响，特别是对猕猴桃的贮藏十分不利。因为灌水的猕猴桃果园，果实中含水量增加，在果实采收、包装、运输过程中容易碰伤。有伤疤的果实，感染病菌后，开始出现变软的小病斑，很快全果霉烂变质。如不及时从果箱中取出病果，病菌将传染其他果实，损失更大。试验表明，采前灌水不仅使伤、烂果和软化果比率急剧增加，而且缩短果实的贮藏寿命。

四、采收

1.采收方式

采收方式对猕猴桃的采后质量、贮藏效果影响很大。一般采用人工采收和机械采收两种。人工采收时可以做到轻拿轻放、轻装轻卸，避免机械损伤、减少腐烂。但是，人工采收效率低。在生产量大、劳动力紧张的地方，则采用机械采收。机械采收效率高，不足之处是容易造成果实机械损伤，影响贮藏效果。在提倡生产"精品"和"高档"产品前提下，国内外猕猴桃采收主要靠人工采收。

猕猴桃果实成熟时，果梗与果实之间形成离层，采收时把果实拿在手中，用手指将果梗轻轻一按，果实与果梗便自然分离。采收的关键就在于避免一切机械损伤，保证果实完整无损。为达到这一目的，在采收前应对采收人员进行基本操作培训，采收人员应剪短指甲或戴上手套，以免指甲划伤果实。

图4-2　猕猴桃果林

　　准备好采果篮、采果筐、采果袋以及运输用的塑料周转箱、纸箱等工具。使用采果篮、采果筐时，要预先在果篮和果筐底部铺上稻草或棉线等柔软物质做衬垫。果实装至离容器上沿5cm左右即可。若果实装得过满，在搬运过程中很容易滚落在地，产生磕碰；还容易加重底部果实受到挤压或碰撞的程度，造成机械损伤，引起腐烂。使用采果袋比较方便，采摘人员可以将其挎在肩上，一边采摘，一边顺手将果实放进袋中。采果袋一般用帆布制成，对果实有一定的缓冲力，不易因挤压造成伤害。

　　猕猴桃要在采收当天运回操作间，在自然通风或人工通风条件下，摊开晾晒，除去田间热，第二天按照分级标准包装入库。采收后，如果堆放在田间或不透风的房间里，果实从田间带来的热量难以散发，会使果实提前出现呼吸高峰，加速软化，而且还增加微生物侵染的机会，尤其是易从机械伤或挤压伤处受微生物侵染。

　　2.采收时注意事项

　　（1）采收时间最好选择在晴天上午或晨雾、露水消失以后，避免在中午阳光直射、阴雨天和露水未干时采收。中午阳光直射时采收果实，由于果实温度高，所带的田间热多，不利于贮藏；灌水后、阴雨天或露水未干时采收，果实含水量高、表面水分多、湿度大，容易感染病原微生物，也不利于贮藏。

　　（2）分期采收生长在同一棵树上的果实。同一棵树上的果实由于着生部位不同，开花时间也不同，所以成熟期也略有不同。在人工采收时可分批进行，既保证果实的质量，又利于产量的提高。采收时，应先下后上、由外向内，避免碰撞短枝和花芽而影响次年产量。

图4-3 猕猴桃挂枝

（3）避免多次倒箱。虽然猕猴桃在采收时比较硬，但其果实属浆果，果皮很薄，容易受到机械伤和挤压伤，尤其是表皮的茸毛，极易在倒箱过程中因摩擦而脱落，使表皮的完整性受到破坏，从而影响贮藏效果。研究表明，直接采收入箱的秦美猕猴桃可贮藏40d，而多次倒箱的果实仅贮藏15d；海沃德猕猴桃一次入箱可比多次倒箱的贮藏期延长20d。因此，在猕猴桃的采收过程中要避免多次倒箱。在倒箱过程中，果实容易受到机械损伤，引起微生物的侵染，导致腐烂变质；伤果也极易软化并释放出大量乙烯，加速完好果实的软化。

第二节 鲜果贮藏保鲜方法

一、常温贮藏

常温贮藏是将经过充分冷却的猕猴桃鲜果装入0.03mm的聚乙烯塑料袋内，每袋内放猕猴桃保鲜剂1包或放入一些用饱和高锰酸钾溶液发过的碎砖块，用橡皮筋扎紧袋口，放于冷凉的房间，每隔半个月检查一次。此法适于冷凉地区少量存放。

塑料袋一般采用50cm×35cm×15cm规格，每袋装2.5kg为宜。为防止猕猴桃发酵变质，用抗氧化剂0.2%赤藻糖酸钠溶液浸果3~5min，晾干后装在聚乙烯袋

内，可提高贮藏效果。

二、沙藏

沙藏是一种简单易行的分散贮果方法，适用于个体经营者中短期贮藏。选择阴凉、地势平坦处，铺15cm厚的干净细沙，然后一层猕猴桃一层沙子排放。每层沙子的厚度约5cm，果与果之间约有1cm间隙，外盖10～20cm湿沙，以保温保湿。沙子湿度要求以手握成团，手松微散为宜。此法可使猕猴桃放置2个月左右。应注意的是，10d左右检查一次果品质量，及时剔除次果、坏果，以免相互感染，使病情蔓延。检查时间以气温较低的清晨为好。

三、松针沙藏

松针沙藏是一种简单易行的分散贮藏方法，适用于个体经营者短期贮藏。松针沙藏具有通风透气、易于保温、消耗较小等优点。贮藏量可多可少，极为方便。方法是先将采收的猕猴桃放在冷凉处过夜降温，然后把果实放入铺有松针和湿沙的木箱或篓筐中，一层果实一层松针湿沙，直到装满为止，放在阴凉通风处存放。

四、土窑洞藏

土窑洞藏是一种结构简单、建造方便的节能型贮藏设施，由窑门、窑身和排气筒组成，窑门最好面向北或西北方向。其缺点是无法精确控制库温。其窑门宽1.2～1.5m，高2～2.5m，共设3道门。头道门为栅栏门；二道门，用木板或铁皮做成；三道门距离头道门3～5m，称为门道。三道门是为了缓冲进入窑洞内的空气，均匀温度，防止骤热骤冷。此门不设门板，只挂门帘即可。

窑洞贮藏利用外界冷源，来达到贮藏猕猴桃的目的。所以它的使用和管理要求较严，每次贮藏前和结束后，都应对窑洞进行彻底清扫、通风，并将使用器具搬到洞外消毒晾晒。一般可采用硫黄燃烧熏蒸，用量为5～10g/m²，药剂在库内要分点施放或者按100m³用1%～2%福尔马林3L或漂白粉溶液对库内地面和墙壁进行均匀喷洒消毒。

消毒时，将贮藏所用的包装容器、材料等一并放入库内，密闭1～2d，然后开启门窗通风1～3d，之后方可入贮。

五、通风库贮藏

通风库藏是在良好的绝热建筑和灵活的通风设备的情况下，利用库内外温度的差异，以通风换气的方式来保持库内低温的一种场所。它的基本结构与窖藏相似，但通风换气系统和隔热结构更为完善，降温和保湿效果比窖藏明显提高，便于机械装卸和堆码。通风库藏是我国北方贮藏果蔬的一种主要方式。

通风库选在交通方便、地势高、地下水位低、接近产地或销地的地方。库体的方向一般以南北延伸较好，库门朝北，便于将冷空气引入库房。一般通风库要安装两道门，间隔2~3m，作为空气缓冲间。

空气流经贮藏库是一种自然对流作用，但为了加速空气流动，需要设置进气口和排气口。一般能装50t猕猴桃的通风库进气口与出气口的通风面积不应少于1m²，排气筒应高出库顶1m以上，筒体愈高，排气效果愈好。若在排气筒的下方安装一排气扇，气体流动更快、效果更为明显。

六、保鲜剂贮藏

一般猕猴桃主要采用以下两种保鲜剂进行贮藏：

1.SM-8保鲜剂

SM-8保鲜剂可防止果实腐烂、失水和软化，具有保持良好品质的综合保鲜效果。其优点是高效、无毒、成本低、操作容易，并对贮藏要求不严格。

果实采收后立即用SM-8保鲜剂8倍稀释液浸果，晾干后装筐，每筐净重12.5kg左右，码放存贮于通风库中，晚上打开进气扇和排风扇通风排气，将库温控制在16.2~20℃，相对湿度在78%~95%。贮藏前期和后期库温较高时，每隔8h开紫外线灯30min，利用产生的臭氧清除乙烯，同时臭氧也具有较强的灭菌作用。经过SM-8保鲜剂处理过的果实可贮藏160d，好果率达90.42%，果肉仍保持鲜绿，而且色、香、味俱佳。

2.SDF型保鲜剂

SDF型保鲜剂是由中国科学院成都有机化学研究所和都江堰市中华猕猴桃公司联合研制的。其成分以菜油磷脂为主，其他组分也多为天然产物，无毒无害。该保鲜剂与SM-8保鲜剂相比，成本低，可直接用冷水稀释使用，库房不需要安装日常杀菌设施。用该保鲜剂处理的猕猴桃贮藏3个月后好果率在73.3%。

七、简易气调贮藏

简易气调贮藏是一种既简便又经济的果品保鲜方法。它的优点是投资少、

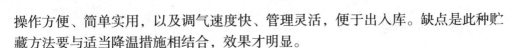

操作方便、简单实用，以及调气速度快、管理灵活，便于出入库。缺点是此种贮藏方法要与适当降温措施相结合，效果才明显。

这类贮藏法有三种类型：

1.硅窗塑料薄膜帐贮藏

①设备　以厚度0.2mm左右的透明聚乙烯薄膜或无毒聚乙烯薄膜制成类似蚊帐样的帐子，帐的大小根据贮果多少而定。每帐贮果1t左右。在帐子的中部镶嵌一块硅橡胶布小窗。开窗面积依贮果多少和要保持的库温高低而定。

②帐子安装及果实入帐　选择一块稍大于帐底的长方形地块，四周挖1条深、宽各10cm左右的小环沟，在沟上铺好帐底，帐底上放些垫果箱的砖块，然后将预冷好的果箱放在砖上，码成通气垛，再将帐顶扣在垛上，下面与帐底紧紧卷在一起埋入小沟内，用土压紧，以防漏气，帐上可开几个抽气小孔，抽气孔用自行车气门芯、胶管和铁夹组成，以便抽气和密封。

③管理　帐贮猕猴桃，应围绕着使帐内温度保持在0～2℃、相对湿度90%～95%、氧气含量2%～3%、二氧化碳含量3%～5%、无乙烯气体来制定管理措施。这种贮存方法必须与机械冷风库或自然通风库（窑）配合使用，以保证库内有稳定而较低的温度。塑料薄膜帐内一般湿度较大，不需另外加湿。帐内气体成分的调控主要靠果实的呼吸作用和硅橡胶窗对氧气和二氧化碳的通透性不同来调节。硅橡胶布对二氧化碳的通透性比氧气大5～6倍，具有自动调节帐内气体成分的功能。帐内二氧化碳浓度过高时，应及时补充新鲜空气，还可在帐内放入少量吸有饱和高锰酸钾的砖头和蛭石，吸收乙烯和其他有害气体。每1～2d应对帐内所含气体进行测定。测定空气成分的仪器是用奥氏气体测定仪（气体分析器）。

2.硅窗保鲜袋贮藏

硅窗保鲜袋贮藏与硅窗塑料帐原理相同，区别在于这种袋子较小、较薄，薄膜厚度0.03～0.05mm，一般每袋贮果5～10kg，适于少量贮果用户。使用方法是：选择成熟度中等的无伤硬果，放入袋中置于阴凉处过夜降温，再放入少量乙烯吸收剂，然后扎紧袋口，放在低温处贮藏。其缺点是袋的容积小，气体成分难以控制。

3.塑料薄膜袋贮藏

这种方法与硅窗保鲜袋相比，除没有硅橡胶窗之外，其大小、规格皆与硅窗袋相似。贮藏果实必须是优质硬果，当袋内二氧化碳含量高时要打开袋口通气，调整二氧化碳和氧气的含量，同时果袋中要加入乙烯吸收剂并经常更换，要在低温的环境条件下使用。

八、冷库贮藏

冷库贮藏是目前比较好的贮藏方法，缺点是费用较高。在资金比较雄厚的地方，采用冷库与气调相结合的方法来贮藏猕猴桃果实，其效果更好。

冷库贮藏的具体操作步骤和方法如下：

1.果品处理

猕猴桃果实营养丰富，极易遭受微生物的侵害而变质腐烂，因此入库前必须进行如下处理：①供贮的果实采摘时间应在可溶性固形物含量达6%~7%时，过早或过晚采果对长期贮藏都不利。②采摘果实时要剔除伤残果、畸形果、小果和病虫害果实。③果实采收后迅速进行选果、分级、包装，从采摘到入库、冷藏在1d之内完成。④在劳动力充足的地方，可将果梗剪去大部分，只留短果梗，以免果实相互刺伤。

图4-4 猕猴桃成熟果

2.温度的控制

贮藏猕猴桃的最适温度是0~2℃。在果品入库前和入库初，将库内的温度控制在0℃。由于果实入库带来了大量的田间热，会使库温上升，因此，每批入库的果实不能过多，一般以库容总量的10%~15%为好，这样库内的温度比较稳定。低温状态有利于长期贮藏。果实入库完毕，应立即将库温稳定在0~2℃。在整个贮藏过程中，尽量避免出现温度升高或较大幅度的波动。

在果实出库上市时，如果库外温度过高，果实表面会出现凝结水珠，容易引起腐烂。果实出库时，采用逐步升温的办法，把果实在高于库温并低于气温的缓冲间（或顶冷间）中先放一段时间，即可避免上述现象发生。

3.湿度调节

猕猴桃贮藏的适宜空气相对湿度是90%~95%，湿度控制的方法与前述的气调贮藏相似。

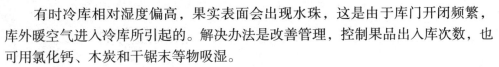

有时冷库相对湿度偏高，果实表面会出现水珠，这是由于库门开闭频繁，库外暖空气进入冷库所引起的。解决办法是改善管理，控制果品出入库次数，也可用氯化钙、木炭和干锯末等物吸湿。

4.通风换气

冷库内果实进行呼吸作用，放出大量的二氧化碳和其他有害气体，如乙烯等。当这些气体积累到一定浓度时，就会加快果实衰老，因此，必须通风换气。一般通风换气应选在早晨进行。雨天或雾天时，外面湿度较大，不宜换气。若条件允许，也可在库内安装气体洗涤器，清洗库内空气。这种洗涤器多用活性炭或其他吸附性较强的多孔材料做成。

5.乙烯脱除

除掉冷藏库内乙烯的最好方法，是加装乙烯脱除器。若没有这种设备，可选用下面两种简易办法降低乙烯含量，但效果不够理想。一种是稀释法，另一种是吸收法。前者是将大量的清洁空气吸入库内，通过气体循环稀释从而把乙烯带出库外。采用这一种方法，必须用无污染的清洁空气，并且在贮藏库内外温差较小时进行，以防止温度波动和果实失水。后者是采用化学的办法将乙烯脱掉。当前国内使用较多的办法是用多孔材料，如蛭石、氧化铝、分子筛和新鲜砖块，作为载体吸收饱和的高锰酸钾水溶液，沥干后做成小包，放入库内或塑料袋、塑料帐内吸收乙烯。有些地方把这种乙烯吸收剂叫作保鲜剂。一旦载体失去鲜艳的红色，即表明已经失效，应重新更换吸收剂。

6.检测与记录

果实入库后，要经常检查果品质量、温湿度变化、鼠害情况以及其他异常现象等，并做好记录。发现问题，及时处理。猕猴桃在贮藏后期会出现一个品质迅速下降的突变阶段，果实应在这阶段到来之前出库销售，以免造成损失。在贮藏当中，也可能有个别果实因种种原因提前发霉腐烂。一旦发现这种情况，应及时拣出坏果，以免影响周围好果。

第五章　猕猴桃糖制产品加工技术

第一节　猕猴桃果脯蜜饯类产品

果脯蜜饯是四川省的传统食品，种类丰富、风味佳美，深受人民群众的喜爱。果脯蜜饯的加工技术容易掌握，设备投资少、见效快，并且可以在原料产地就地加工。因此果脯蜜饯是猕猴桃很好的加工方式。

一、猕猴桃果片加工技术

猕猴桃果片是将猕猴桃经过筛选、清洗、切成片状糖渍、干燥而成的产品。随着现在食品加工技术和设备选取的不同，糖渍的方法有很多种，如真空浸糖、微波浸糖等等；干燥有真空干燥、冻干、烘干等方式，不同的加工方法、干燥方式制成的成品口感也有不同，有脆性的，也有非脆性的。

图5-1　成熟猕猴桃

1.材料准备

猕猴桃（红心、黄心、绿心）、糖（白砂糖、蔗糖、葡萄糖、果葡糖浆）、不锈钢锅、添加剂（柠檬酸、苹果酸、果胶）。

2.工艺流程

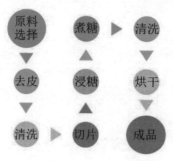

3.加工技术要点

（1）选料 选择成熟度为八九成熟的果实。

（2）去皮 手工去除果毛、果皮或在10%～15%的碱液中煮沸去皮。

（3）清洗 清水冲去残留的碱液及皮渣，再用沸水烫漂5～10min，烫透为止。

（4）切片 将剥皮后的猕猴桃齐切成10mm厚片。

（5）浸糖 将切好的片放入糖溶液中，蒸煮1～2min，冷置24h，使糖液中的猕猴桃果片和糖分布均匀；然后再加入等质量的蔗糖，使糖液浓度达到40%，加热到沸点，再冷置24h然后再加入糖，如此操作直到糖浓度达到70%左右。

（6）清洗 浸糖充分的果片放入热水中迅速清洗。

（7）烘干 将处理好的果片放入烘房或烘箱烘干。烘烤温度在40℃左右。包装入库即为成品。

4.质量标准

猕猴桃片保持了猕猴桃原果的风味，浓缩了猕猴桃原果的营养成分。

图5-2 猕猴桃果片

二、猕猴桃果脯加工技术

猕猴桃果脯是新鲜的猕猴桃经挑选、预处理、糖渍、烘干或晒干后，表面不带糖液、无糖霜析出、不黏不燥、风味独特的干制品。

1.材料准备

猕猴桃、白砂糖、柠檬酸、氯化钠、氯化钙、亚硫酸氢钠等。

2.工艺流程

原料 → 筛选 → 预处理 → 糖制 → 烘焙、整形 → 包装

3.加工技术要点

（1）原料选择 加工猕猴桃果脯可用果实硬度较大的品种。准备加工的果实应挑选在坚熟期采收的果实。筛除小的，剔除病果、虫果、腐烂果、生果及过

熟变软的果实。

图5-3 霉烂猕猴桃

（2）预处理　将选好的果实去皮，去皮的方法一般采用化学去皮法。去皮后，用清水洗净、晾干，将块形较大的果实适当进行切块处理。然后将果块放入竹盘内，送入熏硫房中进行熏硫处理。硫黄用量可按果块的0.2%～0.4%考虑，熏硫时间一般在2h左右。

如无熏硫设备，可把果实浸入0.25%亚硫酸氢钠溶液中浸泡2～4h。有条件的厂家，对制脯的果块，最好进行抽真空处理。抽真空处理时，将果块晾干水分，倒入真空罐中。装入果块的数量以抽真空罐的容积而定，不要过满，也不要太少，一般每次装500kg，然后加入30%浓度的糖液，使其淹没果块，上面压上木板，然后密封好真空罐盖。开动真空泵，使真空度达79～93kPa，持续25～30min，停止抽真空，让真空罐内真空度慢慢降到常压后，再浸泡10～20min。

（3）糖制　在糖制过程中，根据各地不同的情况介绍以下两种方法：

①糖渍煮制法　取白砂糖35kg，先将10kg白砂糖用15L水溶解，倒入容器中，放入25kg果块。然后将余下的白砂糖和果块一层糖一层果块的放入容器中，最上面多撒些糖把果块盖住，糖渍24h。然后进行糖煮。糖煮时可分两次进行：第一次糖煮时，先将经过糖渍的果块捞出，把糖渍液加热至沸腾，然后将果块连糖液一起倒入容器中浸泡24h。第二次糖煮时，捞出果块，将糖液放入锅中加热，待糖液浓度至65%～70%时，把果块放入，煮沸20～30min后，倒入容器中浸泡48h。出锅时，将其加热至80℃，捞出果块，沥干糖液进行烘烤。

②多次煮成法　第一次糖煮时，取水20L，放入锅中加热至80℃，加入白砂糖20kg，同时加入柠檬酸40g共同煮沸5min。取已处理好的果块50kg，投入糖液中，煮沸10～15min，然后连同糖液带果块一起放入大缸中浸泡24h。第二次糖煮时，把缸中的糖液及果块放入锅中，加热至沸后分两次加入白砂糖共20kg，煮沸至糖液浓度达65%时，加入浓度为65%的冷糖液20kg，立即起锅，放入缸中浸泡

24~48h。出锅时再升温到80℃左右，将果块捞出沥干糖液，待摆盘烘烤。

（4）烘烤　烘烤过程中应注意温度、通风、排湿、倒盘、整形。①烘烤温度：糖制好的果块，沥干糖液后，摆入烘烤盘中放到烘烤车上推入烤房，迅速升温到60℃左右，6h后升温到70℃，烘烤结束前6h再降温到60℃，一般烘烤20h左右即可停止。

图5-4　猕猴桃烘烤

②通风和排潮　烘烤中间要注意通风和排潮。通风和排潮的方法和时间，可根据烘房内相对湿度和外界风力来决定。当烘房内相对湿度高于70%时，就应进行通风排潮。如室内湿度很高，外界风力小，可将进气窗及排潮筒全部打开；室内湿度较高，外界风力大时，可将进气窗和排潮筒交替打开。一般通风排潮次数为3~5次，每次通风排潮时间以15min左右为宜。通风排潮时，如无仪表指示，亦可凭经验进行。根据经验，当人进入烘房时，如感到空气潮湿闷热、脸部感到有潮气、呼吸窘迫时，即应进行通风排潮；当烘房内空气干燥、面部不感到潮湿、呼吸顺畅时，即可停止排潮，继续干燥。

③倒盘和整形　因烘房内各处的温度不一致，特别是使用烟道加热的烘房中，上部与下部、前部和后部温度相差较大，所以在烘烤中，除了注意通风排潮外，还要注意调换烘盘位置及翻动盘内果块，使之均匀烘干。调换的时间和次数视产品干燥的情况而定，一般在烘烤过程中倒盘1~2次，可在烘烤的中前期和中后期进行。一般是把烘架最下部的两层和中间的互换位置；把靠火源近的和距离火源远的互换位置。

在第二次倒盘时，对产品要进行整形，将其制成扁圆形，然后再送入烘房继续烘烤。当烘烤到产品含水量在18%左右，用手摸产品表面已不黏手时即可出房。

（5）整修与包装　出烤房的果脯应放于25℃左右的室内回潮24～36h，然后进行检验和整修，去掉果脯上的杂质、斑点及碎渣，挑出煮烂的、干瘪的和色泽不好的等不合格产品另作处理。合格品用无毒玻璃纸包好后装箱入库。

图5-5　猕猴桃果脯包装案例

（6）制作猕猴桃果脯的一些技术措施　制作猕猴桃果脯的过程中，关键技术点是糖煮。如掌握不好即使是使用适宜的原料也往往出现煮烂、干缩、返砂、流糖和褐变等现象。为减少和防止这类问题的出现，可采取一些相应的技术措施。

第一，掌握好糖液中适当的还原糖含量。煮制果脯的还原糖含量是造成果脯返砂和流糖的主要因素，也是引起褐变的主要条件，同时对糖液渗入果块的速度影响也较大。因此，有条件的厂家，要经常测定参与煮制果脯的糖液的还原糖含量。适宜的还原糖含量与地区、环境、气候条件等因素有

图5-6　猕猴桃果脯

关。在气温高、湿度大的地区，还原糖含量可少些；而在气温低、较干燥的地区，还原糖含量可控制得较大些。但最高含量不要超过总含糖量的60%，最低不可低于40%，一般可控制在50%左右。

调整还原糖含量的方法，可加入砂糖或加入转化糖液或加入含转化糖超量的糖液。对于含酸量较少的猕猴桃果实，煮制时，如使用新配糖液，要在糖液

中加入适量的柠檬酸，以促进部分蔗糖转化。但是切记不可在过低的pH值下煮制果块，否则容易引起褐变。还原糖的制备比较简单，可先配制65%糖浆，然后加入有机酸，使pH值降到2.5左右，煮沸30min即成。有的厂家，在制备还原糖浆时，采用1份水、2份糖的比例煮15min。

第二，为防止煮烂，可采取如下方法中的任一方法：①煮前用1%食盐水进行热烫处理；②煮前用0.1%氯化钙溶液浸泡处理；③煮前用5%石灰水上清液进行处理，但处理后，需用清水漂净残余石灰。

第三，为防褐变，除掌握好还原糖含量外，在预处理中要加强熏硫处理或浸硫处理等措施。

4.质量标准

产品呈乳黄色或橙黄色，鲜艳透明有光泽，色度基本一致。浸糖饱满，块形完整，稍有弹性，无生心、无杂质。在规定的存放条件下和时间内不返糖、不结晶、不流糖、不干瘪。每块产品用白玻璃纸或聚乙烯塑料纸包好。保持原果味道，甜酸适宜，无异味。总糖含量65%～75%，水分16%～18%，符合国家规定的食品卫生标准。

5.注意事项

在果脯蜜饯生产中，由于原料处理不当或操作方法不正确，往往会出现一些质量问题，影响经济效益。为减少或避免这方面的问题出现，可在加工过程中采取一系列相应的措施，以减少损失。

（1）果脯的"结晶返砂"与"流糖"　①质量正常的果脯，应为质地柔软、鲜亮透明的块状。如果在糖煮过程中掌握不当，转化糖含量过低时，就会造成产品表面出现结晶糖霜，这种现象称为"返砂"。果脯如果"返砂"，则质地

图5-7　猕猴桃"返砂"

变硬且粗糙，表面失去光泽，容易破损，品质降低。相反，如果产品中的转化糖含量过高，特别是在高温、高湿季节，又容易导致产品潮结，表面发黏且形

成大块，即出现"流糖"现象，使产品易受微生物侵染而变质。造成"返砂"或"流糖"现象的主要原因是转化糖占总糖的比例不当。果脯中的总糖含量为65%～70%、转化糖占总糖的30%以下时，容易出现不同程度的"返砂"；转化糖占总糖50%～60%时，正常条件下产品不易"返砂"。当转化糖占总糖比例达到70%时，产品易出现"流糖"现象。②解决果脯"返砂"的措施：第一，糖煮时加入适量的柠檬酸，以保持糖煮液中有机酸含量在0.3%～0.5%，使蔗糖适当转化，保持糖煮液和果脯中转化糖含量占总糖的2/3左右。对于循环使用的糖液，应在加糖调整浓度后检验总糖及还原糖含量。一般总糖在54%～60%，若其中转化糖已达25%（占总糖量的43%～45%），即可认为符合要求，烘干后成品不易返砂。第二，糖煮时在糖液中加入部分怡糖，一般不超过20%，或添加部分果胶，以增加糖液黏度，减缓和抑制糖的结晶。第三，果脯蜜饯贮藏温度以12～15℃为宜，切勿低于10℃，相对湿度应控制在70%以下。第四，对于已"返砂"的果脯，可将"返砂"果脯在15%热糖液中烫一下，然后再进行烘干处理即可。③解决果脯"流糖"的措施：第一，糖煮时加酸不宜过多，煮制时间不宜过长，以防过度软化。第二，烘烤初温不宜过高，防止表面干结，应使果脯内部水分扩散出来。第三，成品贮藏时，应密闭保存。

（2）煮烂和干缩现象　果脯蜜饯加工制作过程中，由于果品种类及品种选择不当，加热温度和时间掌握不好，预处理方法不正确及浸糖浓度不足等，会引起煮烂和干缩现象。解决这些问题，应在小批量生产的基础上，不断地加以调整和改进。

①煮烂现象　制作猕猴桃果脯的过程中，煮烂现象是经常遇到的。究其原因，除与品种有关外，与果实的成熟度有着很大的联系，过生、过熟的果实都容易煮烂。因此，采用成熟度适当的果实是保证果脯质量的关键措施之一。目前防止猕猴桃煮烂的另一个有效办法是，经过前处理工序的果蔬，不立即用浓糖液热煮，而是先放入煮沸的清水或1%食盐水中热烫几分钟，或者用0.2%石灰水浸泡6～8h，再按一般方法进行煮制。在煮制时应掌握好火候，不可使果块翻滚，煮沸后保持微沸，使糖液缓慢渗入果块。

②干缩现象　干缩现象产生的主要原因是：第一，果实成熟度不够而引起的吸糖量不足；第二，煮制浸泡过程中糖液浓度不够引起的吸糖量不足。

解决的措施有：一是酌情调整糖液浓度及浸泡时间；二是在煮制的糖液中添加亲水性胶体，如可添加0.3%羧甲基纤维素钠、0.3%低甲氧基果胶或0.3%海藻酸钠等。据试验证明，糖液中添加0.2%海藻酸钠和0.1%氯化钙，或添加0.2%低甲氧基果胶和0.1%氯化钙，这两种方法均可使果脯的饱满度增加。

（3）成品褐变问题　在果脯蜜饯生产过程中，褐变现象是影响产品质量的一个主要因素。

解决的方法有以下几种：

①护色液浸泡　经去皮、去核后暴露在空气中的果实，迅速发生氧化反应，颜色变为褐色或暗褐色。因此，去皮后的果实，应迅速放入护色液中。生产上常用的护色液是0.1%亚硫酸钠，1%柠檬酸或盐酸，或使用1%～1.5%食盐水，均可达到不同程度的护色效果。

②热烫处理　果实中大多数酶在60～70℃温度下便失去活性，因此，热烫处理也是防止褐变的有效措施之一。处理的果块可用沸水或水蒸气处理2～5min，热烫后必须迅速冷却，以减少营养物质的损失。

③抑制非酶褐　果脯蜜饯褐变的原因是糖液与果实中氨基酸作用，从而产生红褐色的黑蛋白素。果实在糖液中煮制的时间越长、温度越高、糖液中酸与转化糖含量越多，就越会加速非酶褐变反应。因此，在达到热烫和煮制目的的前提下，尽可能缩短煮制时间。此外，非酶褐变不仅在煮制时会发生，在果脯干燥过程中也能发生。特别是在烘烤果脯时，如果烘房内温度过高、通风不良、室内湿度过大，果脯的干燥时间过长，成品的颜色更容易变黑。这可以通过改进烘房设备、缩短干燥时间来解决。

（4）返砂产品不"返砂"　返砂蜜饯，其质量标准应是产品表面干爽、有结晶糖霜析出、不黏不燥。但由于原料处理不当，或糖煮时没有掌握好正确的时间，而使转化糖含量急剧升高，致使产品发黏，糖霜不能析出。

造成返砂产品不"返砂"的原因主要有以下几点：①原料处理时，没有添加硬化剂。②原料漂烫时间不够或本身含果酸较多。③糖渍时，糖液浓稠或半成品有发酵现象。④糖煮时间太短，糖浆发勃，糖液浓度不足。

解决返砂产品不"返砂"的措施主要有以下几点：

①在处理原料时，添加一定数量的硬化剂，并延长烫漂时间，漂洗时尽量漂净残留的硬化剂。

②糖煮时，尽量采用新糖液，或添加适量的白砂糖。

③调整糖液的pH值。返砂蜜饯要求糖液都是中性，即pH值保持在7.0～7.5。因此，含果酸较丰富的果实，在原料预处理工序时，就要注意添加适量的碱性物质进行中和。

④密切注意糖渍半成品，防止发酵。增加用糖量或添加防腐剂，以使半成品有较好的保存效果。

（5）糖液的重复使用问题　随着果脯蜜饯生产批量的增多和产量的增大，

熬煮过果实的糖液越积越多，以致无处存放。废弃不用自然是极大的浪费，但如果拿来直接使用，又会严重影响产品质量。这些糖液含糖量高（一般达70%左右），且大部分已成转化糖，同时含有一定量的胶体物质、悬浮杂质及色素物质等，因而呈褐色糖浆状，黏稠度较大。如能将这些废糖液进行合理处理，仍可供加工利用。处理方法如下：首先将糖液加热至60℃左右，保持约15min，若黏度太大可酌情稀释。然后进行碱处理，方法是配制好10%石灰乳，按糖液：石灰乳=25：1（体积比）的比例将石灰乳添加于加热的糖液中，充分搅拌，并调节pH值在6.5左右，而后置于70～80℃的水（也可直接用火加热）中保温15min，取出，静置10h，使所产生的胶体絮团聚集下沉。待糖液中的胶团充分聚集下沉后，用虹吸法取出上清液。经上述澄清处理的糖液呈红褐色，还必须要经过脱色处理。脱色剂采用30%过氧化氢，按过氧化氢：糖液=1：100（体积比）的比例将其添加于糖液中，充分搅匀，于50℃水中保温10min，取出静置即可见红褐色消失，糖液呈淡黄色透明液体。经上述方法处理的糖液，可直接用于果脯蜜饯的制作且不影响产品的质量。

（6）产品的发酵和霉烂　果脯蜜饯产品由于含糖量不足、含水量过大，或贮藏过程中通风不良、卫生条件差等，往往会发生霉变。防止果脯蜜饯霉烂的措施是：控制成品的含水量；加强生产和贮藏中的卫生管理；对于低糖果脯，可适当添加防腐剂，或在产品包装前进行杀菌处理，并采用抽真空包装。

第二节　猕猴桃果酱

猕猴桃果酱是把猕猴桃、糖及酸度调节剂混合后，用超过100℃温度熬制而成的凝胶物质。猕猴桃果酱口感酸甜适中，深受欢迎。当前我国猕猴桃栽培面积大，年产量逐年攀升，而鲜猕猴桃不耐贮藏。加工果酱是果品深加工的有效途径，能有效提高果品综合效益。

一、材料准备

猕猴桃（红心、黄心、绿心）、玻璃瓶、白砂糖、不锈钢锅、铲、打浆机。

二、工艺流程

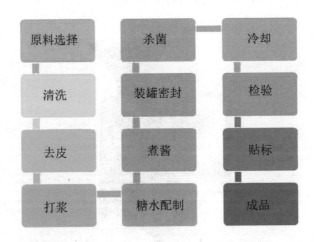

三、加工技术要点

1.选料

选用充分成熟的果实为原料，剔除腐烂、发霉、发酵有严重病斑的不合格果实。

2.清洗去皮

用流动清水洗净果实表面的泥沙和杂物，晾干后，手工去除果毛、果蒂、果皮，再将果实切半后用勺挖取果肉。

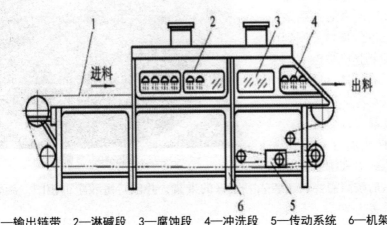

1—输出链带 2—淋碱段 3—腐蚀段 4—冲洗段 5—传动系统 6—机架

图5-8 湿法碱液去皮机

3.打浆

将果肉放入不锈钢桶内捣碎或用打浆机打浆。

图5-9　打浆机

4.糖水配制

取白砂糖100kg加水33L，加热溶解，过滤即配成75%的糖水。

5.煮酱

先将一半糖液倒入不锈钢锅内煮沸后加入100kg果浆，搅拌下煮制约20～30min，再加入剩余一半糖液，继续搅拌煮制到可溶性固形物达65%以上，果酱黏稠、有光泽，即可停止煮制出锅。

图5-10　煮酱

6.装罐密封

所有玻璃罐需要事先洗净消毒或者在沸水中煮沸5min，然后按照需要快速装入煮制好的果酱，并保持每灌净重相同，旋紧罐盖。

7.杀菌冷却

密封后立即放在沸水中15～20min，然后分段冷却至38℃，擦干净入库。

四、质量标准

酱体呈黄绿色或黄褐色，光泽均匀一致；具有猕猴桃独有的风味，无焦煳等异味；酱体呈胶黏状，置于水面上允许徐徐流散，不分泌汁液。可溶性固形物（以折光计）不低于65%，总糖量（以转化糖计）不低于57%。符合国家规定的食品卫生标准。

图5-11　猕猴桃果酱

五、注意事项

1.变色

造成果酱变色的原因很多，有金属离子引起的变色，糖和酸及含氮物质作用引起的变色及单宁的氧化、糖的焦化等引起的变色。

防止变色的办法有以下几种：

第一，加工中操作迅速，用碱液去皮后务必洗净残碱，迅速预煮，以破坏酶的活性。

第二，不用铜、铁等对制品有害的材料制作工具。

第三，尽量缩短加热时间，浓缩中要不断搅拌，防止焦化。浓缩结束后迅速装罐、杀菌，散装果酱要尽快冷却。

第四，贮藏温度不宜过高，以20℃左右为宜。

2.果酱结晶

果酱结晶是由于果酱中转化糖含量低而造成的。

防止结晶的办法有以下两种：

第一，严格控制配方，使果酱中蔗糖与转化糖保持一定比例。

第二，浓缩中对酸含量低的猕猴桃果实可适当加入柠檬酸。也可用淀粉糖浆（一般为总糖量的20%）代替部分砂糖，或加入占0.35%的果胶提高果酱浓度，防止结晶返砂。

3.液汁分离

由于果胶含量低，或果块软化不充分使果胶未充分溶出，或浓缩时间短，未形成良好的凝胶而造成汁液分离。

防止办法如下：

第一，充分软化果块，使原果胶因水解而溶出。

第二，果胶含量低的可适当增加糖量。

第三，添加果胶或洋菜（琼脂）增加凝胶作用。

第四，为增加果胶含量，可在浓缩时加入成熟度较低（七八成熟）的果块。

4.发霉变质

原料霉烂严重，加工、贮藏中卫生条件差，或装罐时瓶口污染等原因造成发霉变质。

防止办法如下：

第一，严格分选原料、剔除霉烂原料，库房要严格消毒，并使之通风良好，防止发霉。

第二，要彻底洗净原料表面污物。

第三，操作人员以及车间、工具、器具要加强卫生管理。

第四，装罐时严防瓶口污染，如有污染立即用消毒纱布擦去。

第三节 獼猴桃果冻

一、獼猴桃果冻加工技术

獼猴桃果冻就是把果肉或者果汁加入胶冻食品中，制成一种形态界于弹性果冻和吸吸冻之间的胶冻产品，可弥补胶冻类产品在营养和风味上的不足。

（一）材料准备

獼猴桃、蔗糖、添加剂等。

（二）工艺流程

果汁型果冻的制作：

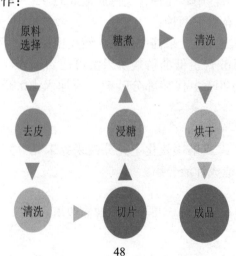

原料选择 → 糖煮 → 清洗 → 去皮 → 浸糖 → 烘干 → 清洗 → 切片 → 成品

果肉型果冻的制作：

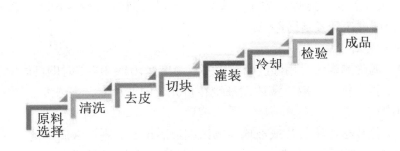

原料选择 → 清洗 → 去皮 → 切块 → 灌装 → 冷却 → 检验 → 成品

（三）加工技术要点

1.选果及处理

选择成熟度较低、果肉坚硬的猕猴桃为原料，剔除霉烂、变质、病虫害严重的不合格果，清洗干净后，晾干备用。将洗净的果实投入一锅中，开始时升温要快，加热过程中要不断搅拌，使上下层果块均匀软化，果胶充分溶解，煮至果实软烂为止。

2.压榨取汁

捞出软化后的果实用打浆机打浆并过滤，或用压榨机压榨取汁。无压榨机的小型加工厂，可用细孔筛进行过滤，或用帆布袋揉压取汁。

图5-12 猕猴桃压汁机

3.加糖浓缩

果汁与糖混合比例一般为1:0.8，按需要调整后加热浓缩，先用旺火加热，后改为文火。要充分搅拌，防止焦糊。可溶性固形物达66%～69%、温度为104～105℃，即可达到煮制终点。

4.终点判断

（1）温度测定法　用温度计测得沸点温度达104～105℃时即可出锅。

（2）折光仪法　取一滴浓缩液滴在折光仪的玻片上，当浓度达到60%以上时即可出锅。

（3）挂片法　用竹片或玻璃棒蘸浓缩液后挑起，观察液滴下落情况，几秒钟内竹片或玻璃棒下端的液滴欲滴而未滴，说明已达到浓缩终点。

（4）冷水法　取一盆冷水，用玻璃棒挑起一滴浓缩液滴至冷水中，液滴在数秒钟内下沉而不散开，说明已达到规定浓度，即可停止加热。

5.入盘冷却

将浓缩至终点的浆液倒入搪瓷盘或其他容器、模具中冷却。根据需要可将较大的切成适度方块。

6.成品包装

成品单层放入洁净食品级包装袋。

（四）质量标准

产品色泽微黄带绿，表面稍有光泽，酸甜可口、无异味，具有猕猴桃的芳香。果冻半透明，表面光滑不黏手，无明显固体颗粒。总糖含量60%以上，总酸含量0.8%～1.2%。产品无致病菌及因微生物作用引起的腐败现象，符合国家规定的食品卫生标准。

图5-13　猕猴桃果冻

二、猕猴桃复合果冻加工技术

以猕猴桃山楂复合风味果冻为例。

山楂果实果胶含量高，制冻容易，但出汁率低，单纯的山楂果冻成本较高。可将山楂汁与猕猴桃汁按一定比例混合，相互取长补短，调配后制成猕猴桃

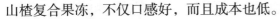

山楂复合果冻，不仅口感好，而且成本也低。

（一）材料准备

猕猴桃、山楂、亚硫酸钠、白砂糖、柠檬酸等、榨汁机、灌装机。

（二）工艺流程

1.山楂汁的制作

山楂→清洗→去梗破碎→浸泡→加热→萃取→过滤→山楂汁

2.猕猴桃汁的制作

猕猴桃→清洗→破碎→酶处理→榨汁→过滤→猴桃汁

3.复合风味果冻的制作

山楂汁+猕猴桃汁→混合调配→浓缩→风味调整→装盘→冷却成型→成品

（三）加工技术要点

1.山楂汁的制备

山楂经挑选清洗后去梗，人工进行适当破碎，然后加入果重1.5～2倍的水，加热至60℃并保温6～8h，萃取果胶及其他营养物质。最后用过滤机过滤或用双层纱布过滤，得到山楂汁。残渣中果胶物质含量仍较高，还可进行第二次萃取，萃取时的加水量为第一次的一半，方法同上。

图5-14　山楂汁

图5-15　猕猴桃汁

2.猕猴桃汁的制作

将猕猴桃清洗后切块，用榨汁机压榨取汁，榨汁时加入0.1%亚硫酸钠以防变色，并加入适量果胶酶制剂，以提高出汁率。经过滤得到猕猴桃汁，备用。

3.复合风味果冻的生产

将山楂汁与猕猴桃汁按1:1的比例混合，然后煮沸浓缩。同时按果汁总重1/2量称取白砂糖，配成85%的糖液，煮沸过滤后加入到上述果汁中，加热浓缩。浓缩过程中不断搅拌，待浓缩物温度上升到103～104℃时，再加入少许橙汁或橘汁，继续加热浓缩至终点。

4.成品包装

浓缩液出锅后，用灌装机注入小型塑封杯中封口，迅速冷却即可。也可将浓缩液按所需厚度倒入白瓷盘内，立即放入冷水中冷却，这样形成的凝胶比自然条件下形成的凝胶质量好、硬度大、透明度高。成型后按需要切块，用塑料纸包裹即可。

（四）质量标准

猕猴桃山楂复合风味果冻呈浅红色，透明有光泽，软硬适宜，有弹性，切块完整，酸甜适口，具有猕猴桃和山楂特有的复合芳香气味，无异味。

总糖60%以上，总酸0.8%～1.2%。无致病菌及因微生物作用引起的腐败现象，符合国家规定的食品卫生标准。

图5-16　猕猴桃复合果冻

第四节　猕猴桃果晶

猕猴桃果晶是猕猴桃鲜果经清洗、榨汁、加糖粉浓缩干燥后得到的猕猴桃干粉。将猕猴桃果晶水溶后具有猕猴桃果汁风味和色泽。猕猴桃果晶利于存贮和运输，但猕猴桃原有的维生素C含量经加工后会有一定损失，可在加工工艺上改进，最大限度地保留原有猕猴桃营养价值。

一、材料准备

猕猴桃100kg，白糖粉70kg，黄原胶0.05kg，维生素C0.05kg，柠檬酸适量。

二、工艺流程

原料选择→洗涤→破碎→榨汁→浓缩→加糖粉→搅拌→成型→烘干

　　　　　　　　↑　　　　　　↑　　　　↑

　　　　　　　　VC　　　　柠檬酸　黄原胶

三、加工技术要点

1.原料选择及预处理

选用新鲜、饱满、汁多、香气浓、成熟度高、无虫伤和无发霉变质的猕猴桃果实。用流动水清洗果实表面的泥沙和污物。采用打浆机打成浆状，破碎要迅速，以免果汁和空气接触时间过长而氧化。也可用维生素C水溶液浸泡一下再粉碎，可起到防氧化作用。

2.榨汁

可用螺旋压榨机或手工杠杆式压榨机榨汁。先将破碎的果肉装入洗净的布袋中，扎紧袋口，然后缓慢加压。第一次压榨后，可将残渣取出，加10%清水搅匀再装袋重压一次。也可将破碎果浆加热至65℃趁热压榨，以增加出汁率。一般出汁率可达65%左右，果汁要用纱布粗滤。

3.浓缩

可采用真空浓缩或常压浓缩。常压浓缩可在不锈钢夹层锅内进行，蒸汽压强控制在0.25MPa。在浓缩过程中，为加快蒸发、防止焦化，应不断搅拌。由于果汁对热敏感性很强，浓缩时间越短越好，因此，应适当控制投料量，使每锅浓缩时间不超过40min。当浓缩至含糖量达58%时（用手持糖量计测得），即可

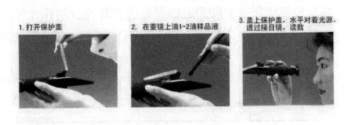

图5-17　手持糖度计使用示例

出锅。

4.加糖粉、成型、烘干

取干燥的白砂糖磨成粉，每15kg浓缩汁加白糖粉35kg，搅拌均匀。为提高风味可添加适量柠檬酸。在颗粒成型机中制成米粒大小颗粒。将已成型的猕猴桃粉颗粒均匀铺放在烘盘中，常压，温度65℃，干燥3h。当烘至2h，可将盘内的猕猴桃晶上下翻动一遍，使其受热均匀，加速干燥。如果采用真空干燥法，时间可以缩短至1h。

5.包装

干燥后的成品待冷却后立即包装。为冲饮方便，大包装内可采用小塑料袋包装，每袋20g，便于冲饮。

四、质量标准

产品呈黄绿色，米粒大小，无杂质，用温开水冲溶后，饮料呈黄绿色，味道酸甜，具有猕猴桃的风味。水分≤2%，酸度≤2%，溶解时间≤60s。其微生物指标符合国家规定的食品卫生标准。

第五节 猕猴桃果丹皮

猕猴桃果丹皮是将猕猴桃鲜果经清洗、研磨、调配、装盘、烘干而制成的具有猕猴桃风味的酸甜可口果卷或者薄片。制作比较简便，可有效利用次果。

一、材料准备

猕猴桃、白砂糖、焦亚硫酸钾、打浆机、不锈钢浅盘、烘干机等。

二、工艺流程

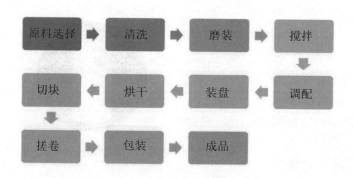

三、加工技术要点

1.原料选择

取新鲜成熟的猕猴桃果实，拣去杂质，剔除病虫害烂果。

2.清洗

用清水洗去表面泥沙及污物。

3.磨浆

先行预煮，使果实变软，稍加破碎便可用研磨机磨浆。经过孔径为0.1cm的筛网进行过滤，除去皮渣籽粒。

图5-18 研磨机

4.搅拌调配

加入果泥重量15%的白砂糖，同时每千克果泥中再加入焦亚硫酸钾0.5g，充分搅拌均匀。

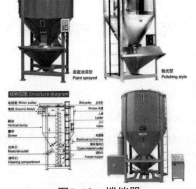

图5-19 搅拌器

5.装盘

将上述果泥倒入用塑料薄膜衬垫的浅盘中，5kg/m²。

6.烘干

将装好的盘放入管式烘干机中进行烘干，烘干温度为45～60℃，时间为12～15h。果丹皮湿度为12%～13%，呈金黄色。若在外层涂上麦芽糊精细粉，可减少其湿度。

图5-20　果丹皮烘烤

7.切块搓卷包装

根据需要大小切块，并搓卷，包装即为成品。

四、质量标准

产品呈黄绿色或浅绿色，均匀一致，不粘手，口感软硬适度，质地细腻具有猕猴桃果实特有的芳香。可溶性固形物≥75%，总酸含量0.8%～1.2%。无致病菌及因微生物作用引起的腐败现象，符合国家规定的食品卫生标准。

图5-21　猕猴桃果丹皮

第六节　猕猴桃糖水罐头

一、猕猴桃糖水罐头

猕猴桃糖水罐头，经去皮、去核、密封、高温热处理和真空保存工艺，达到灭菌效果，可以实现无任何防腐剂加入。糖水罐头不仅果肉好吃，而且水果的本色本味完全地融入到糖水中，罐头水的风味甚至比果汁还要浓郁。随着大棚技术和采后贮藏技术的发展，消费者在任何时间都能吃到新鲜水果，然而越来越多的人则在抱怨反季节水果"没味道"，这是由于生长环境条件影响了植物内部营养物质和风味物质的积累，而加工水果罐头所用原料都是时令水果，营养和风味品质更好。所以糖水罐头有很大的消费市场。

（一）材料准备

猕猴桃、白砂糖、烧碱、不锈钢锅、罐子。

（二）工艺流程

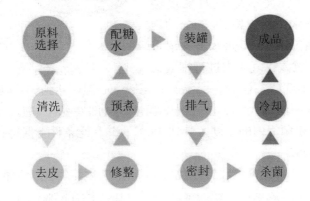

（三）加工技术要点

1.原料选择与清洗

选用七八成熟、果实个体大小较均匀的中等果实为原料，剔除烂果、过大过小果、病虫害果、机械伤及畸形果。品种以老皮绿肉的为好，用清水清洗干净，晾干备用。

2.去皮、修整

将清洗干净的果实投入煮沸的烧碱溶液（10%～15%）中浸泡2～3min，待果皮由黄褐变黑并产生裂缝时，用笊篱捞出。戴上橡皮手套，用双手轻轻搓去果皮，然后置于清水中不断清洗，除去碱味。用不锈钢刀挖去花萼、果蒂，去除残余果皮及斑疤，并按色泽和大小分级。（如果做的是糖水猕猴桃果片罐头就需要将果实进行切片、选片。具体操作为：按大、中、小三级分别切片，横切成片，厚度4～6mm，切好的片经清洗透滤，除去部分碎果肉和碎屑，再进行选片，选出白籽片、粉红色片以及横径小于25mm的果片等不合格片）。

3.预煮

将去皮修整后的果肉放在沸水中预煮3～4min，捞出后迅速冷却。

4.糖水配制

65L清水加35kg白糖，加热煮沸后用绒布或4层纱布过滤。用柠檬酸调pH值为4，糖水温度保持在80℃以上。糖水随用随配，不得积压。

5.装罐

选色泽一致、大小均匀的果块装罐，然后加入糖水，罐内留2～3mm的顶隙，罐盖与胶圈须用100℃热水烫煮消毒5min。装罐后，放入排气箱内进行排气，

图5-22　猕猴桃罐头

蒸汽温度98℃～100℃，排气10～12min，至罐中心温度达到80℃以上时封盖。如无排气箱，也可用蒸锅代替。排气温度和排气时间要妥善掌握。封盖后立即杀菌，即5min内使杀菌锅内的温度上升到100℃，并在此条件下保持18min。

（四）质量标准

果块呈淡黄色、青黄色、青绿色，同一瓶中果实大小、色泽一致，糖水透明，允许有少量不造成糖水浑浊的果肉碎屑存在。具有猕猴桃独有的风味、甜酸适口、无异味、果形完整、软硬适度、不带机械伤。开罐时糖水浓度（以折光计）18%～20%为合格，果块含量不低于净重的55%。无致病菌及因微生物作用所引起的腐败现象。

二、猕猴桃糖水什锦罐头

（一）材料准备

猕猴桃、白砂糖、烧碱、不锈钢锅、罐子。

（二）工艺流程

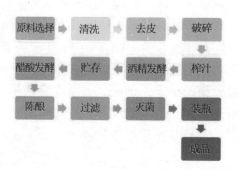

（三）加工技术要点

1.分选

按形状、大小、色泽分级，挑出形状较差、色泽不佳等不合格果。

2.原料配方

苹果100 kg，黄桃40 kg，猕猴桃40 kg，枣或樱桃适量。

3.原料处理

苹果去皮、切半、挖核，切成1.5cm见方的小方块，在真空锅内，90.7kPa下排空60min。黄桃去皮、切半、去核、预煮，切菱形块。

作为加工罐头用的猕猴桃，需要成熟度九成左右，鲜果大小以20～30g为佳。先用清水洗净，然后用已煮沸的浓度为10%～15%氢氧化钠液浸泡1～2min，最后放入1%盐酸中（常温下）30s，取出立即用流动水漂洗10min，去皮。用不锈钢刀挖去花萼及果蒂、斑疤等，横切成厚薄为4～5mm的圆片，用水清洗过滤。

4.装罐

果肉比例为：苹果:猕猴桃:黄桃=100:40:40，每罐装入枣或樱桃4粒。糖水应过滤后使用，以提高成品的风味和香气。

玻璃罐型产品：净重510g、果肉重300g、糖水210g。

5.排气与密封

加热排气时，中心温度要求75℃以上，真空抽气时，要求真空度为60kPa。

6.杀菌及冷却

玻璃瓶升温5min，100℃下保温25min，分段冷却。

（四）产品质量标准

果肉不少于红、黄、白三种颜色，允许染色樱桃轻度脱色。果块大小均匀，每罐不少于4种水果，其中染色樱桃不少于3粒，其他水果重量不少于固形物的10%，不多于40%。果肉软硬适度，具有什锦罐头独有的风味，酸甜适口，无异味。开罐后的糖水浓度为14%～18%，果肉不低于净重的60%。符合国家规定的食品卫生标准。

图5-23　猕猴桃什锦罐头

第六章　猕猴桃果汁饮品加工技术

第一节　猕猴桃果肉型果汁

一、材料准备

猕猴桃果肉，蔗糖酯0.15%、琼脂0.1%、白糖2%、羧甲基纤维素钠0.05%、蛋白糖0.06%。

二、工艺流程

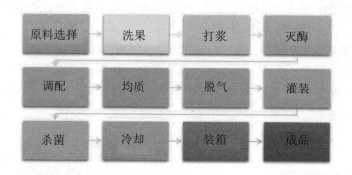

三、加工技术要点

1.原料选择

选择果肉开始变软的正常猕猴桃，生产中采摘的果品可以用乙烯催熟或者堆放5～6d。

2.洗果

用流动清水洗净果实表面的泥沙和杂物，注意把果皮绒毛洗净，尤其注意蒂部及顶部。

3.打浆

生产上一般采用一两道打浆机，可以去皮去籽。打浆机网孔一定要适宜，谨防种子混入果肉中，影响饮料色泽及口感。

4.灭酶

采用片式热交换器迅速升温至85~90℃，保持5min。

图6-1　灭酶器

5.调配

琼脂及羧甲基纤维素钠预先用冷水浸泡4h使其吸水膨胀，然后加热熔解，将所有的辅料按一定比例加入果浆中混匀。

6.均质、脱气

在真空脱气机内，在20MPa压强下均质；料温40℃、真空度93.3kPa下脱气。

7.灌装、杀菌、冷却

脱气后升温至96℃以上，趁热灌装，灌装后料温在88℃以上。然后倒置放入杀菌锅中，100℃温度下杀菌处理15~20min，再迅速降温至35℃，进行保温检验。

图6-2　果汁灌装机

四、质量标准

产品呈浅绿色，均匀一致，汁液质地均匀，流动性好，无明显黏感，久置无分层、无沉淀，酸甜适口，有猕猴桃果实的芳香、无异味。可溶性固形物10%~12%，有机酸0.4%左右，原果汁含量≥50%。符合国家规定的食品卫生标准。

图6-3 猕猴桃果肉型果汁

第二节 猕猴桃果汁

一、材料准备

猕猴桃、阿斯巴甜、蔗糖、柠檬酸等。

二、工艺流程

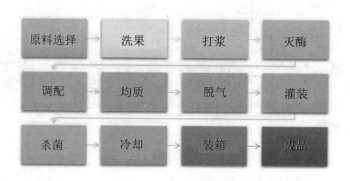

原料选择 → 洗果 → 打浆 → 灭酶

调配 → 均质 → 脱气 → 灌装

杀菌 → 冷却 → 装箱 → 成品

三、加工技术要点

1.原料处理

选取成熟适度的健康果实进行清洗。由于猕猴桃的表皮比较粗糙，而且是带皮提汁，因此应特别注意洗涤过程。原料提汁前的洗涤是减少污染的重要措施，要用流动水洗净果皮上的泥沙和杂质，必要时用高锰酸钾溶液漂洗后再用清水冲洗干净。

2.破碎

采用锤式破碎机破碎，破碎粒度要适中，粒度过大或过小都会影响出汁率，一般破碎粒度以4~6mm较好。

3.榨汁

选择适合的加工工艺，控制果实中原果胶不要过多地分解为可溶性果胶，此种措施有利于提高出汁率。采用机械式榨汁，可利用裹包式榨汁机进行榨汁，以利于提高出汁率。

4.灭酶、澄清

将料液加热至90℃，持续30s，然后冷却至55℃，粗过滤再利用果胶酶、明胶对果汁进行澄清。果胶酶的最适pH值为3~3.5，最适温度50~55℃。果胶酶添加量0.01%~0.03%，处理时间45~60min。果胶酶与明胶配合使用效果更佳。

5.过滤

采用硅藻土过滤机过滤，再用纸板过滤机进行精滤。

6.调配

猕猴桃汁400kg，阿斯巴甜0.1kg，蔗糖60kg。按照配方将蔗糖、阿斯巴甜用少量水溶解，过滤后与猕猴桃汁均匀混合，预热至65℃。

7.灌装、杀菌

将料液在60℃以上的温度下，灌装到包装容器中，封盖。在95℃水浴中保温25~30min，进行杀菌处理，然后冷却至44℃以下。

图6-4　猕猴桃果汁

四、质量标准

产品呈黄绿色，无褐变、无异味，澄清透明，具有猕猴桃特有的风味。可溶性固形物≥10%，维生素C≥50mg/100mL。符合国家规定的食品卫生标准。

五、注意事项

獼猴桃加工成品中维生素C的含量是衡量产品质量标准的重要方面之一。维生素C在有氧情况下易分解失去其应有的生理功能，故在加工过程中要尽量缩短工艺流程，防止半成品的积压。此外，还要采取抗氧化措施，以减少维生素C的损失，这样也有利于贮藏并降低贮藏过程中产品颜色的褐变程度。

第三节　獼猴桃浓缩果汁

一、材料准备

獼猴桃或獼猴桃汁、真空浓缩机。

二、工艺流程

原料处理→破碎→榨汁→灭酶、澄清→过滤→调配→灌装、杀菌

三、加工技术要点

经过澄清处理并经过一段时间贮存的獼猴桃原汁中存有一定数量的微生物。因此，在浓缩之前应再利用薄板热交换器进行杀菌，一般杀菌温度为90℃、时间持续30s。尽量避免在浓缩之后加热杀菌，因为浓缩果汁在较高温度条件下极易发生褐变，使风味和质量受到破坏。根据实际需要，可以采取抽真空浓缩、冷冻浓缩或反渗透浓缩的方法。

图6-5　冷却浓缩设备

抽真空浓缩即在减压条件下，加热使獼猴桃果汁中的水分迅速蒸发而进行浓缩。这种真空浓缩温度一般为40~50℃，真空度约为94.7kPa，浓缩设备是由蒸发器、真空冷凝器及附属设备组成。由于獼猴桃果汁中的芳香物质基本上随最初蒸发出来的9%果汁水分一起被带出来，因此，必须在蒸发器上装有特殊的冷凝器来收集前馏部分，待果汁浓缩结束后再将含有果汁芳香物质的前馏部分加到浓缩汁中。

冷冻浓缩是将獼猴桃果汁冷却到-2℃以下，果汁中的水变成冰结晶，分离这种冰结晶，使果汁中的可溶性固形物得到浓缩，从而获得獼猴桃的浓缩果汁。

冷冻浓缩设备由搅拌冷冻和析出结晶的分离器两大部件构成。在浓缩过程中猕猴桃的芳香成分及维生素C几乎没有损失，可以获得风味良好、品质优良的猕猴桃浓缩果汁。

猕猴桃果汁的浓缩也可以采用反渗透浓缩，即以半透明薄膜为界面，在原液上加上一个比渗透压略高的机械压力，使汁液中的水分被除去而达到浓缩的目的。在反渗透过程中，原料所需的压力可由泵或其他方法来提供。

浓缩果汁灌装所用的包装一般为不同型号的塑料瓶、玻璃瓶及纸质容器等，同生产场所、贮存容器、输送管道一样，包装塑料也要进行杀菌消毒，以实现无菌灌装。

猕猴桃浓缩汁在生产过程中要尽量减少接触空气的机会，避免直接接触铁、铜等机械设备，因为浓缩汁中过多的金属离子将加快维生素C等成分的氧化，使果汁中的营养价值和风味、质量都受到破坏。

四、质量标准

产品色泽呈浅绿色，均匀一致，汁液透明，无分层、无沉淀，酸甜适口，具有浓郁的猕猴桃果实的芳香，无异味。浓缩倍数3~6倍。重金属含量等指标符合国家规定的相关标准，同时产品符合国家规定的食品卫生标准。

图6-6　猕猴桃浓缩果汁

第四节 猕猴桃果茶

一、材料准备

1.原料

猕猴桃、白砂糖、柠檬酸、琼脂、羧甲基纤维素钠。

2.仪器设备

不锈钢夹层锅、打浆机、胶体磨、均质机、不锈钢贮罐、真空脱气装置、折光仪等。

二、工艺流程

猕猴桃→检选→清洗→去皮→软化→打浆去籽→细磨→调配过滤→均质→脱气→灌装→杀菌→冷却→成品

三、加工技术要点

1.检选

选择八九成熟、无腐烂变质、无病虫害及机械损伤的猕猴桃果实。

2.清洗

用清洁流水彻底洗去果实表面大量微生物、泥沙及残留的农药。

3.去皮

去皮可用化学法，也可用不锈钢刀手工去皮。化学去皮是将果实倒入10%氢氧化钠中煮到皮黑时捞出，在清水中搓动去皮，然后用1%的氯化氢中和后用水冲洗。

4.软化

将去皮后的果实按料水为1:1（w/w）的比例投入不锈钢夹层锅中，加入0.5%柠檬酸，在85~95℃中软化5~10 min。

5.打浆去籽

采用卧式带筛网双道打浆去籽机，打浆时料水比为1:0.5（w/w），筛孔直径为0.5 mm。

6.细磨

将粉碎的果浆用胶体磨成细浆，使产品质感细腻。

7.调配过滤

按产品标准用白砂糖、柠檬酸、稳定剂、软化水和果浆进行调配，调配后用双联过滤器（100目）过滤。

8.均质

果料在20MPa压力下均质，使组织均匀黏稠，口感细腻，并防止浆液分层沉淀。

9.脱气

脱气牙除去果浆中的大量泡沫，以避免果浆褐变及维生素损失，保证产品质量。采用真空脱气，40~50℃的果浆在93kPa下脱气。

10.灌装

将果浆加热到85℃以上，趁热灌装，立即密封。

11.杀菌

果浆经调配后，pH值在4.5以下，可采用常压灭菌，在100℃/10min条件下进行，杀菌后立即冷却到38~40℃。

四、产品质量标准

1.感官指标

色泽呈翠绿色或黄绿色；滋味及气味具有猕猴桃果的滋味和香味；口感细腻，酸甜适中；组织状态均匀稳定，悬浮混浊，无沉淀。

2.理化指标

可溶性固形物（以折光计）≥12%、果肉含量≥35%、总酸（以柠檬酸计）0.45%~0.55%。重金属：砷（以As计）≤0.5mg/kg、铅（以Pb计）≤1mg/kg、铜（以Cu计）≤10 mg/ kg。

3.微生物指标

细菌总数（个/mL）≤100、大肠杆菌（个/100mL）≤3、致病菌不得检出。

五、注意事项

1.稳定剂加入的目的

提高制品黏度，防止分层沉淀，使制品在保质期内保持稳定。稳定剂单独使用时，效果都不甚理想，复合稳定剂的稳定效果更好。其中又以琼脂和羧甲基纤维素钠复合稳定剂效果最好。

2.风味的保存

由于猕猴桃种子中含有猕猴桃碱，它是吡啶衍生物，具有明显的涩味，影响产品的口感及风味，于总体效果不利，所以，打浆去籽必须干净，这是保证猕猴桃果茶风味纯正的关键。另外，在加工中，要缩短热处理的时间，避免由于高温长时间处理引起产品的蒸煮味。

3.色泽的保存

在加工过程中，如果处理不当，会引起褐变，严重影响产品质量。褐变的主要原因是单宁等酚类物质，在有氧、酶存在的条件下，被氧化成醌类等黑色物质。猕猴桃加工的软化、真空脱气及缩短加工时间等措施，都可减轻褐变。

4.维生素C的保存

猕猴桃果茶的最大特点是维生素C含量高，但维生素C易氧化。因此在加工中，要避免猕猴桃暴露在空气中，所有器具都要使用不锈钢，碱液去皮时，应严格控制氢氧化钠的浓度、浸泡时间和温度。去皮冲洗后，应立即进入下一工序，合理制定热处理的时间和温度，有利于维生素C的保存。

第五节 猕猴桃果乳型饮料

一、材料准备

猕猴桃、牛奶、食盐、乳酸、柠檬酸、蔗糖、黄原胶、羧甲基纤维素钠。

二、工艺流程

冷却←净化←牛奶

↓

猕猴桃→清洗→破碎→酶处理→榨汁→过滤→杀菌→混合→均质→脱气→灌装→杀菌→包装→成品

↑ ↑

蔗糖、稳定剂混均匀→加水→搅拌→冷却 溶解←食盐、乳酸、柠檬酸

三、加工技术要点

（1）产品配方 猕猴桃汁100mL，鲜牛奶300mL，羧甲基纤维素钠1.5kg，柠檬酸2kg，食盐1kg，蔗糖90kg，黄原胶3kg，乳酸1kg，香精适量。

（2）猕猴桃选取 猕猴桃原料要求果形完整，成熟度在八九成，大小均匀、无机械损伤、无病虫害、无疤痕、色泽鲜嫩。

（3）清洗 用流动水清洗干净。

（4）破碎 用打浆机破碎，使果肉完全碎解。

（5）酶处理 果肉浆加热到50~55℃，加入果胶酶，恒温持续30min。

（6）榨汁 榨汁可用螺旋榨汁机进行，也可用离心分离机分离果汁，果汁收得率一般为80%~85%。

（7）过滤 用200目筛网过滤后，可得黄绿色或淡黄色猕猴桃果汁。

（8）稳定剂溶解 将稳定剂羧基纤维素钠与白砂糖混匀后，加入到10倍70℃~80℃的热水中，快速搅拌至完全溶解。

（9）牛奶处理 牛奶验收后经净化、冷却，然后加入贮奶罐，备用。

（10）调配 按配方将稳定剂液和牛奶都打入配料罐，搅拌混合均匀。

（11）溶酸与酸化 将乳酸、食盐和柠檬酸用温水配成10%的酸液，然后加入到猕猴桃汁中，搅拌混合均匀。将果汁酸液慢慢加入到调配罐中，快速搅拌，用配方中剩余的软化水将料液补充至规定重量，搅拌5min。

（12）均质、脱气 将料液加热到50~60℃，用高压均质机在20MPa下均质。均质后的料液进行真空脱气，真空度为800kPa，时间为15min。

（13）调香 脱气后的料液送入另一调配罐，加入香精，搅拌均匀，并加热到85℃，准备灌装。

（14）灌装、杀菌、冷却 料液使用灌装机直接灌注到马口铁罐或饮料瓶中（使用前应用热水或水蒸气消毒），并立即密封。将装罐后的马口铁罐或饮料瓶浸入100℃水中杀菌，保持15min。杀菌后快速冷却，包装入库。

四、质量标准

产品呈淡黄色，具有猕猴桃和牛奶的复合香味，无异味；组织状态为均匀乳液，无分层、无沉淀、无杂质。蛋白质≥1%，可溶性固形物>12%。符合国家规定的食品卫生标准。

五、注意事项

按调配顺序进行配料，否则易产生沉淀。

图6-7 猕猴桃果乳饮料

第六节 猕猴桃可乐型饮料

一、材料准备

猕猴桃、破碎机、榨汁机、灌装机、水处理、封盖机。

二、工艺流程

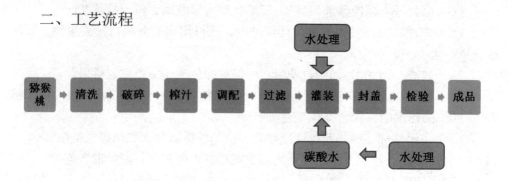

三、加工技术要点

1.猕猴桃汁的制备

原料选取成熟适度的健康果实。

2.清洗

采用流动水洗净果皮上的泥沙和杂质，必要时用高锰酸钾溶液漂洗后再用流动水冲洗干净。

3.榨汁

选择适合成熟度的加工工艺，控制果实中原果胶不要过多地分解为可溶性果胶，此种措施有利于提高出汁率。采用机械式榨汁，可利用裹包式榨汁机进行榨汁，以利于提高出汁率。

4.调配

首先在白砂糖中加适量水，加热煮沸过滤，制成糖浆。将甜蜜素用少量水溶解，配成溶液。配料的顺序是在过滤的糖浆中依次加入甜蜜素溶液、磷酸、辅料汁、猕猴桃汁、色素液、香精，最后定容至100L。每种原料加入时应予以搅拌，以便混合均匀。

5.猕猴桃可乐成分配比

每1 000瓶（每瓶350mL）猕猴桃可乐用料如下：猕猴桃汁40kg、白砂糖25~30kg、磷酸100mL、甜蜜素及色素、可乐香精适量。

6.充碳酸水

每瓶装入上述调配好的糖浆100mL，充碳酸水至规定量后立即封盖，检验合格即为成品。

7.产品保质期试验与分析

将30瓶试制品分为两组，分别在25~28℃、36~38℃条件下培养10d，结果显

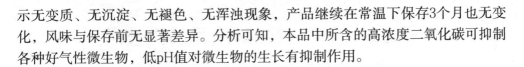

示无变质、无沉淀、无褪色、无浑浊现象，产品继续在常温下保存3个月也无变化，风味与保存前无显著差异。分析可知，本品中所含的高浓度二氧化碳可抑制各种好气性微生物，低pH值对微生物的生长有抑制作用。

四、质量标准

产品呈黄褐色，澄清透明，具有猕猴桃汁的独特味道及可乐型风味，口味纯正、无异味。猕猴桃汁含量10%，其他指标符合国家规定的食品卫生标准。

图6-8 猕猴桃碳酸饮料

第七章　猕猴桃发酵产品加工技术

第一节　猕猴桃果酒生产技术

猕猴桃果酒是以新鲜猕猴桃果浆为原料，利用猕猴桃中的糖发酵产生酒精而制成的一种发酵酒。猕猴桃果酒不仅保留了猕猴桃中原有的营养成分和美味的口感，而且利用酵母菌的发酵作用产生了新的物质，更加丰富了猕猴桃的营养价值也提高了风味。猕猴桃果酒是一种健康、营养的酒精饮料，深受人们的欢迎。

一、材料准备

1.原料及辅料

新鲜成熟猕猴桃、白砂糖、偏重亚硫酸氢钾、活性干酵母、明胶、膨润土等。

2.设备

打浆机、调配罐、发酵罐、冷热处理罐、硅藻土过滤机、陈贮罐等。

二、工艺流程

猕猴桃原料选择→清洗除杂→去皮→打浆→果胶酶处理→二氧化硫→成分调整

　　　　　　　　　　　　　　　　　果酒酵母→活化→接种

　　　　　成品←陈贮←冷、热处理←下胶←后发酵←主发酵

三、加工技术要点

1.选果

选用新鲜成熟的果实为原料，剔除腐烂、发霉、破损及有严重病斑的不合格果实。

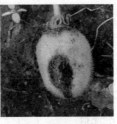

图7-1　霉烂、病变猕猴桃

2.清洗去皮

用流动清水洗净果实表面的泥沙和杂物，手工去除果蒂、果皮或采用切半后用勺挖取果肉。如果量大可以用自动清洗机和去皮机完成。

常用清洗机有浮洗机、洗果机、滚筒式清洗机三种。

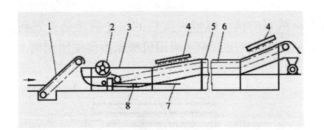

1—提升机　2—翻果轮　3—洗槽　4—喷淋水管　5—检选台　6—滚筒输送机　7—高压水管　8—排水口

图7-2　浮洗机构造图

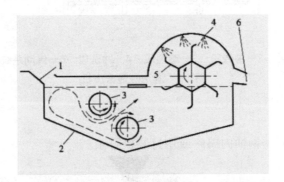

1—进料口　2—洗槽　3—刷辊　4—喷水装置　5—出料翻斗　6—出料口

图7-3　洗果机示意图

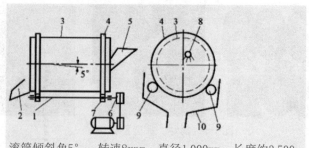

滚筒倾斜角5°；转速8rpm；直径1 000mm；长度约3 500mm

1—传动轴　2—出料槽　3—清洗滚筒　4—摩擦滚筒　5—进料斗　6—传动系统　7—传动轮　8—喷水管　9—托轮　10—集水斗

图7-4　滚筒式清洗机示意图

去皮机常用碱液去皮机。碱液去皮机的工作原理是首先利用热的稀碱液对猕猴桃表皮进行腐蚀，然后用水冲洗或用机械摩擦将皮层剥离。

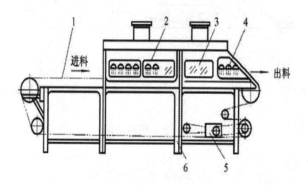

1—输出链带　2—淋碱段　3—腐蚀段　4—冲洗段　5—传动系统　6—机架

图7-5　湿法碱液去皮机

3.打浆

将果肉放入不锈钢桶内捣碎或用打浆机打浆。

图7-6　打浆机

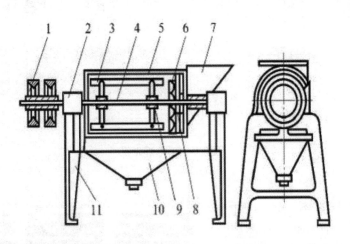

1—传动轮　2—轴承　3—棍棒（刮板）　4—传动轴　5—圆筒筛　6—破碎浆叶　7—进料斗　8—螺旋推进器　9—夹持器　10—出料漏斗　11—机架

图7-7　打浆机结构图

4.果胶酶处理

将猕猴桃果浆转移到调配罐，在果浆中加入20~40mg/L的果胶酶，处理4~5h。

5.二氧化硫添加

果胶酶处理结束后添加二氧化硫，二氧化硫可以通过燃烧硫磺生成二氧化硫气体、添加亚硫酸、添加偏重亚硫酸（氢）钾和添加二氧化硫液体四种方式加入果浆中。在果浆中添加二氧化硫最常用的方法是添加偏重亚硫酸（氢）钾，添加后果浆中二氧化硫含量80~100mg/L，而偏重亚硫酸（氢）钾的二氧化硫当量大约为50%，因此按照160~200mg/L的量添加偏重亚硫酸（氢）钾。

6.糖度调整

提高糖度的方法是添加纯度>99%的结晶白砂糖。从理论上讲，加入17g/L蔗糖可使酒精度提高1%（体积分数）。但在实践中由于发酵过程中的损耗（如挥发、蒸发等），可将添加量提高到18g/L。实际生产过程中需要根据产品的酒精度和残余糖度的目标值来计算蔗糖的添加量。以生产酒精12%，残余糖度4%的猕猴桃酒为例，每升猕猴桃果浆需要的糖量为：12×18+40=256g，按每升猕猴桃果浆含糖100g计算，则需要添加的蔗糖为：256-100=156g。

糖度的测定常用的仪器是手持折光仪。

1—折光棱镜　　2—盖板　　3—校准螺栓　　4—光学系统管路　　5—目镜（视度调节环）

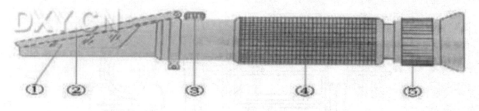

图7-8　手持折光仪

使用方法见图7-7，打开盖板，用软布仔细擦净检测棱镜。取待测溶液数滴，置于检测棱镜上，轻轻合上盖板，避免气泡产生，使溶液遍布棱镜表面。将仪器进光板对准光源或明亮处，眼睛通过目镜观察视场，转动目镜调节手轮，使视场的蓝白分界线清晰。分界线的刻度值即为溶液的浓度。

图7-9　手持折光仪使用示例

7.酸度调整

猕猴桃果浆的酸度值要根据酵母菌发酵的需要和产品的目标酸度值来确定。降低酸含量一般采用化学法，最常用的降酸剂是碳酸钙。降酸剂的用量，一般以它们与硫酸的反应进行计算，1g碳酸钙可中和约1mL98%的硫酸。

8.酒母的制备

酒母的制备有酵母的扩大培养和活性干酵母的活化两种方法。

酵母的扩大培养具体流程如下：

原菌种 $\xrightarrow{\text{活化}}$ 斜面试管培养 $\xrightarrow{\text{扩培}10\text{倍}}$ 液体试管培养 $\xrightarrow{\text{扩培}12.5\text{倍}}$ 三角瓶培养

$\xrightarrow{\text{扩培}12\text{倍}}$ 玻璃瓶（卡氏罐）培养 $\xrightarrow{\text{扩培}14-25\text{倍}}$ 酒母桶(罐)培养 $\longrightarrow$ 供使用

具体方法如下：

1. 原种保存

取澄清猕猴桃汁或麦芽汁做培养基，调整其糖的浓度至12%~14%，pH值5~6，再加2%~2.5%的琼脂，加热至90~95℃使琼脂熔化。将培养基分装于已洗净并经干热杀菌的试管中，每管加量约为制成斜面后占试管长度的1/3为宜，塞上棉塞，在0.1MPa下蒸汽灭菌30min，杀菌后趁热摆成斜面。冷却凝固后，将试管置于28~30℃下进行恒温培养，若无杂菌繁殖，说明培养基没有染菌，可移植原种。在无菌条件下，将原种接种于斜面上，在28~30℃条件下恒温培养3d，待菌株繁殖好后，取出置于10℃以下，可保存3个月。3个月后必须进行重新移植培养，以免菌种衰老变异。

2. 活化

扩大培养之前，由于菌种长期在低温下保藏，细胞已处于衰老状态，需要将其转接到新鲜麦芽汁斜面上，25~28℃培养3~4d，使其活化。

3. 液体试管培养

在经干热灭菌的大试管中装入10mL灭过菌的新鲜澄清猕猴桃汁，用0.1MPa的蒸汽灭菌20min，冷却备用。在无菌条件下，接种已活化的酵母菌至液体试管中，接种后摇匀，使酵母菌均匀分布。在25~28℃下培养24~28h，发酵旺盛时转接到三角瓶培养。

4. 三角瓶培养

取容量为500mL的三角瓶进行干热灭菌，冷却后注入250mL新鲜澄清的猕猴桃汁，并用0.1MPa的水蒸气灭菌20min，冷却备用。在无菌条件下每瓶接入液体培养试管2支，摇匀后置于25~28℃恒温箱中培养24~30h，发酵旺盛时转入玻璃瓶培养。

5. 玻璃瓶培养

将10L的玻璃瓶或容量稍大的卡氏罐洗净、控干，装入新鲜澄清的猕猴桃汁6L，在常压下蒸煮1h以上，冷却后加入亚硫酸，使其二氧化硫含量为80mg/L。放置4~8h后，接种两个发酵旺盛的三角瓶培养酵母，摇匀并加发酵栓，有时也可用棉栓。放置于20~25℃下培养2~3d，培养期间需进行数次摇瓶，发酵旺盛时转入酒母罐（桶）培养。

6. 酒母罐（桶）培养

酒母培养罐的形式多样，酒母罐一般采用通风培养，这样培养的酵母繁殖快、质量好。其使用方法是：先用水蒸气直接对酒母培养罐进行灭菌，并冷却备用。猕猴桃汁在灭菌罐中被水蒸气加热至80℃，然后用冷却水将其温度降至30℃

以下，之后装入已灭菌冷却的酒母培养罐。装入量不能超过酒母培养罐容量的80%。添加二氧化硫，使其含量达到80~100mg/L，间隔4h后接种发酵旺盛的玻璃瓶培养酵母5%~10%。控制温度在25℃以下，并定时通入无菌空气数分钟，培养2d左右至发酵旺盛时即可取出作酒母使用。

活性干酵母的活化是指将商品活性干酵母用猕猴桃汁或蔗糖水活化的过程。活性干酵母的使用必须抓住3个重要的环节，即复水活化、适应环境和防止污染。

其正确的使用方法有以下两种：

①活性干酵母不能直接投入猕猴桃果浆中使用，必须要先经过复水，才能恢复其活性。在确定了活性干酵母的加入量之后，在其中加入含4%蔗糖的温水，也可加入没加二氧化硫的稀猕猴桃果汁，水温为35~38℃，添加比例为1:10（即1份活性干酵母需要加入10份活化用水）。缓慢搅拌，使之混匀溶解，静置使其慢慢复水活化，期间每10min轻轻搅拌一次。20~30min后酵母完成活法，即可添加到猕猴桃果浆中进行发酵。

②活化后扩大培养制成酒母使用，这种方法可减少活性干酵母的用量，降低生产成本。将活化后的酵母，接种到含有二氧化硫80~100mg/L的澄清猕猴桃汁中进行扩大培养，扩大比例为5~10倍，当酵母培养至发酵旺盛期时，再次进行扩大培养5~10倍，即可作为酒母使用。为了防止扩大培养过程中的污染，活化后的酵母每次扩培以不超过3级为宜。其扩大培养条件与一般的保藏菌种扩大培养相同。

9.接种

将调配好的猕猴桃果浆转移到发酵设备中，发酵设备可为木桶、涂釉陶缸、锥底金属罐等，装入量为发酵设备容量的85%~90%。在无菌条件下根据酵母种类、发酵要求的不同按照0.5%~2%的比例向猕猴桃果浆中加入酒母。注意酒母的添加需在果浆加入二氧化硫24h后进行。

10.主发酵

接种酒母后即开始主发酵，主发酵时根据酵母的种类不同控制发酵温度在25~28℃，主发酵时间大约需要1周，待降糖速度减慢，发酵液平静无气泡产生时结束主发酵，并降低温度至到8~10℃，使酵母及其悬浮物快速沉降。

11.后发酵

是否需要后发酵根据对猕猴桃酒产品的残糖要求和主发酵结束后发酵液的残糖含量而定。从主发酵设备下端取清液转移到后发酵设备，以分离主发酵设

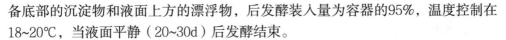

备底部的沉淀物和液面上方的漂浮物，后发酵装入量为容器的95%，温度控制在18~20℃，当液面平静（20~30d）后发酵结束。

12.猕猴桃原酒澄清（下胶）

澄清一般采用化学澄清和机械澄清两种，也可机械澄清和化学澄清联合使用。

（1）化学澄清　化学澄清是通过加入澄清剂，吸附猕猴桃酒中的胶体物质和单宁、蛋白质以及金属复合物、某些色素、果胶质等发生絮凝反应，再通过自然沉降和过滤手段进行分离，从而达到澄清的目的。化学澄清操作也可称作"下胶"。常用的澄清剂有明胶、皂土、鱼胶、蛋清等。

①明胶　明胶是动物的皮、结缔组织和骨中的胶原通过部分水解获得的产品。明胶可以吸附猕猴桃酒中的单宁，从而消除因单宁引起的混浊。明胶使用的前一天要将明胶在冷水中浸泡，下胶时先将浸泡明胶的水除去，并将明胶在10~15倍体积的水中溶解，然后倒入需处理的猕猴桃酒中。需要注意的是，明胶是一种蛋白质，蛋白质过多会引起猕猴桃酒的混浊，因此明胶使用前需要进行下胶试验，以确定明胶的用量。

②膨润土　膨润土可吸附蛋白质产生的絮凝沉淀，从而消除因蛋白质引起的混浊。根据猕猴桃酒中蛋白质含量的不同，膨润土的用量一般为400~1000mg/L。在使用时，应先用少量热水（50℃）使其膨胀，然后加入猕猴桃酒中。

（2）机械澄清　机械澄清有过滤、离心等方法，猕猴桃酒澄清最常用的设备是硅藻土过滤机。

硅藻土过滤机的操作步骤如下：

①过滤机的清洗和杀菌　第一步，直接用水对过滤机进行循环清洗5~10min；第二步，使用85~90℃的热水对过滤机进行循环杀菌30~35min；第三步，杀菌结束前5min，检查灭菌是否有效。

②预涂　在0.2~0.3MPa的压力下，将脱氧水或已滤酒与粗土按1:（5~10）的比例混合，以循环的方式进行预涂，由此形成压力稳定的基础预涂层。这次预涂层粗硅藻土用量为0.7~0.8kg/m²，大约为整个预涂量的70%左右。第一次预涂结束后，关闭硅藻土计量添加泵，过滤机循环一段时间直至出口处的液体变得清亮。通过循环，松散的"架桥层"变得更结实、牢固。循环结束后进行第二次预涂，这次

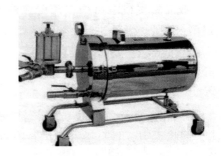

图7-10　硅藻土过滤机

预涂仍然用脱氧水或已滤酒和过滤介质,硅藻土较细,有过滤活性。这样既能截留混浊物质,又能防止过滤机堵塞。总预涂用土量为0.8~1kg/m²左右,预涂过程需15~20min。

③过滤 第一步,打开过滤机的循环泵,缓慢调节进口处阀门,将待过滤的酒液泵入,顶出过滤内部无菌脱氧水,用专门的容器收集"酒头";第二步,确认无菌脱氧水全部顶出后,调节阀门增加流速进行循环,同时打开硅藻土计量添加泵,不断更新滤层,保持滤层通透性,使酒液的浊度快速下降;第三步,在过滤机出口处取样,测量浊度,达到要求后将阀门由"循环状态"转换至"过滤状态",开始过滤,由于连续补料和拦截的颗粒物质及胶体增多,需以0.02~0.04MPa/h的速度增加压差,过滤进出口处压差达到设备所标定的极限压差(0.3MPa)马上停止过滤。

13.稳定性处理

澄清后的猕猴桃酒并不稳定,可能再次变混浊。可分别用加热和降温的方法,处理澄清过的猕猴桃酒,加速猕猴桃酒重新产生沉淀,从而增加猕猴桃酒的稳定性。

(1)热处理的方法有很多,猕猴桃酒生产过程中主要采用两种:

①将猕猴桃酒装入有夹套的热处理罐,在夹套中通入热水加热至45~48℃处理15~20min。

②利用板式换热器将猕猴桃酒加热至45~48℃。

(2)冷处理时将猕猴桃酒温度降至0℃,使冷凝固物沉降并将之处理出去。冷处理方式可分为间接冷冻和直接冷冻两种。间接冷冻是将储酒罐放入冷库,靠冷库温度对罐中的酒进行冷处理。而直接冷冻的方法有多种,可在冷冻保温罐内装冷却管;也可使用带夹层的冷冻罐,在夹层内通入冷冻剂给罐内的猕猴桃酒降温;也可用板式换热器和套管式换热器等设备。

14.陈贮

成品猕猴桃酒可根据需要在橡木桶或金属陈贮罐中陈贮0.5~3年。陈贮最好在阴凉通风干燥处进行。陈贮温度10~16℃,最好不要超过20℃,过程中尽量不与氧气接触,并要防止染菌。

四、质量标准

产品呈淡黄色或浅黄色,清亮透明,酒体均匀一致,醇厚甘润,酒体丰满,回味无穷,具有猕猴桃酒特有的芳香。糖度≤4g/L,酒精度14~16g/100mL,总酸度≤6g/L。无致病菌及因微生物作用引起的腐败现象。

图7-11　猕猴桃酒

第二节　猕猴桃啤酒

猕猴桃啤酒是以麦芽、猕猴桃果汁为原料，采用啤酒酿造的传统工艺酿制而成的猕猴桃啤酒，口味清爽调和，兼有猕猴桃果香和啤酒花。

一、材料准备

猕猴桃、纤维素酶、焦亚硫酸钠、麦芽、啤酒酵母、榨汁机、发酵罐等。

二、工艺流程

猕猴桃→清洗→破碎→压榨→粗果汁→澄清→清汁

↓

麦芽→粉碎→糖化→过滤→煮沸→冷却→麦汁发酵→过滤→灌装→成品

三、加工技术要点

1.猕猴桃汁的制取

选择八九成熟的含糖量高的猕猴桃果实在流动水中清洗，洗净后用破碎机破碎成0.5~1cm大小的果块，其目的是提高压榨出汁率。压榨前加入适量纤维素酶，混匀后进行压榨。果渣采用果胶酶处理并经萃取和压榨可得第二次汁，两次汁混合，出汁率达65%。再加入65mg/kg二氧化硫和0.1%硅藻土静置8h后过滤，滤液补加二氧化硫70mg/kg，冷却至4℃备用。由于猕猴桃果胶含量为0.8%~1%，果汁黏度较大，可以在去皮后先速冻，然后进行破碎压榨，得第一次果汁。将第一次压榨的果渣置于夹层锅中，添加0.05%的果胶酶制剂，搅匀，加热至40~50℃，保温3h，再进行第二次榨汁。两次汁混合后过滤，冷却至4℃备用。

2.麦芽糖化

麦芽粉按1:4比例用37℃温水配制成溶液，放入糖化锅，搅拌均匀，将温度升至51℃，保温30min使蛋白质分解，继续升温到65℃，保温50min。用碘液检验糖化液，合格后泵入过滤槽过滤。

3.麦芽糖汁煮沸

麦芽糖汁加热煮沸并保持85~90min，酒花分4次添加，总添加量为麦芽糖汁总量的0.17%~0.2%。

图7-12 啤酒

4.麦芽糖汁冷却

采用传统啤酒生产工艺，将麦芽糖汁冷却至5℃后送入发酵池。

5.发酵

冷麦芽糖汁加1%酵母进行主发酵，温度控制在10℃，当麦芽糖汁白利糖度降至4.5度时加入猕猴桃果汁，添加量为12%。在相同条件下发酵1d移至后发酵罐，后发酵温度控制在0~1℃，进行二氧化碳洗涤并使酒液二氧化碳饱和，继续冷贮7~9d后过滤。

6.过滤

采用硅藻土过滤机粗滤，棉饼过滤机精滤，二氧化碳含量控制在0.5%~0.53%，酒体温度控制在0~1℃。

7.灌装

过滤后将酒液泵入清酒罐，稳定8h左右进行灌装，并采用巴氏杀菌即可。

四、质量标准

产品呈浅黄色，清亮透明，无悬浮物及沉淀物出现，泡沫洁白，挂杯持久，具有明显的猕猴桃的果香和啤酒花的复合芳香。酒精度≥3.7g/100mL，原麦汁浓度≥11°P，二氧化碳≥0.4%，酸度（以乙酸计）≤2.6g/100mL。无致病菌及因微生物作用所引起的腐败现象。

第三节　猕猴桃配制酒

猕猴桃配制酒是通过对猕猴桃压榨原浆进行两次配制、瓷土澄清、树脂除杂的工艺方法生产出来的。

一、材料准备

猕猴桃原浆、原酒、果胶酶、白瓷土等。

二、工艺流程

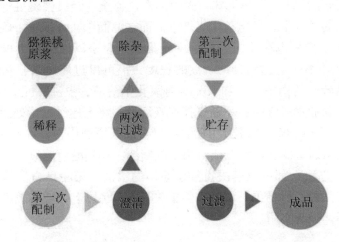

三、加工技术要点

1.稀释和第一次配制

猕猴桃原浆，色黄、浓稠，如稀面浆。为防止变质，加入粗馏酒精使其酒精含量达到14%，苦涩邪杂味较重，直接澄清难度很大，故必须先稀释，后澄清。为了阻止微生物在低酒精度下侵染，在稀释原浆中，加入食用酒精，提高酒精度。目的是使猕猴桃原浆转变成浑浊的原酒，为澄清除杂创造条件。取原浆、食用酒精、软化过滤水，按原浆20%，酒精含量16%的比例，静置1周，以备澄清除杂。

2.原酒澄清

猕猴桃中含有1%左右的果胶，是使原浆和原酒

图7-13　果胶酶

浑浊的主要因素。果胶物质易与蛋白质、纤维素、半纤维素等互相凝聚，使原酒更加难以澄清。

可采用以下两种方法进行澄清：

（1）自制粗果胶酶　果胶酶能够对果胶物质进行有效的分解，破坏胶凝体，从而澄清酒液。在黑曲霉孢子和菌丝中含有较多的果胶酶。选取黑曲霉菌种，用95％酒精作溶剂，进行萃取，使果胶酶释放出来，滤去残渣，静置取其沉积物，在常温下干燥，得到粗酶制品。粗果胶酶的用量为0.025％，充分摇匀、静置，原酒出现明显分层，过滤得到清澈透明的酒液。

（2）明胶瓷土法　选择无味、无嗅的白色瓷土，经过强碱处理，使其凝聚体质点在有水的条件下，负电荷大大增强。而在原酒中，浑浊物上附有大量带正电的胶粒。由于异种电荷相吸，原酒中凝集成比原来浑浊微粒大得多的微粒，这些微粒虽然并不一定达到凝结沉淀的程度，但可以过滤出来，从而使酒液澄清。选取质量较好的白瓷土，加入0.4％氢氧化钠溶液，煮沸20min，再对瓷土进行碱处理。明胶加水煮沸时，不断搅拌使其溶解。将上述经过预处理的瓷土和明胶，按原酒量瓷土0.2％、明胶0.01％的用量，加入原酒中搅拌20min，静置7d后过滤。第一次粗滤，滤去较大杂质；第二次精滤，得到澄清酒液。

以上两种方法，都可以解决猕猴桃原酒的澄清。第一种方法效果好，但需要大量黑曲霉菌种，酒精虽可回收，但损失仍在10％以上，成本较高；第二种方法，简便易行，经济实用。

3.原酒除杂

根据钠型强酸性树脂可以交换出钠离子，吸附其他金属离子，从而改变被处理液的微量成分的特点，可将澄清的猕猴桃原酒通过树脂交换床，除去原酒中的苦涩邪杂味，改善口感。

钠型强酸性树脂经过充分漂洗，除尽色素、水溶性杂质和灰尘。以10％钠盐溶液作再生剂，将待处理的澄清原酒从高位流进有机玻璃交换柱，即得到处理好的原酒。交换倍数需试验确定。经处理的原酒，清澈透明，基本消除了苦涩邪杂味，突出了猕猴桃果香。再经第二次配制，调整糖度、酒度及酸度，密封贮存3个月以上，即可过滤，封装出厂。

图7-14　猕猴桃酒

四、质量标准

产品呈浅黄色，透明，无悬浮物、无沉淀物。酒味纯正浓郁，诸味谐调，甜酸适口。酒度（20℃）16%，酸度（以柠檬酸计）0.6~0.65g/100mL，糖度（以葡萄糖计）80g/L。符合国家规定的食品卫生标准。

第四节 猕猴桃果醋

食醋是人们日常生活不可缺少的调味品之一。猕猴桃果醋是以猕猴桃为原料，经酒精发酵和醋酸发酵加工而成，与粮食醋相比，具有更好的芳香风味，且含有丰富的无机盐和维生素，有良好的营养和保健作用。

一、材料准备

猕猴桃（红心、黄心、绿心）、玻璃瓶或不锈钢罐、蔗糖、打浆机、压榨机等。

二、工艺流程

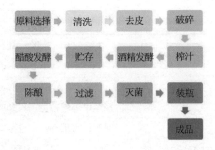

三、加工技术要点

1.原料及处理

选择成熟、含糖量大的猕猴桃果，洗净、去皮后破碎，将破碎后的果浆装入布袋，进行压榨，分离出果汁后，加入蔗糖调整糖度至170Bx。

2.酒精发酵

猕猴桃果汁中加入活化的葡萄酒酵母4%~5%，同时加入0.01%的果胶酶进行发酵，发酵温度为20~30℃，密闭发酵15~20d（可用木桶或不锈钢罐发酵），使果汁的酒精度达到8%~9%。发酵后将酒榨出，然后放置1个月以上，以促进澄清和改善酸化质量。

3.醋酸发酵

将果汁酒精加水稀释至酒精度为4%~6%，小规模生产醋酸发酵可用"静置法"，接入已活化的醋酸菌液5%~10%搅匀，保持品温约30℃发酵30d左右，至猕猴桃果醋中的酒精含量在0.1%~0.2%以下即可。

4.陈酿、澄清

将上述产品泵入另外的桶中进行陈酿，陈酿1~2个月后，过滤，滤渣加清水洗涤1次，其洗涤液并入清醋一起调节，酸度3.5%~5%。根据不同要求，还可以调香、调色（多用糖色勾兑），为了防腐或提高风味，可以加1%~2%食盐水。

5.灭菌、装瓶

过滤后的清醋，经蒸汽间接加热至80℃以上，趁热入坛包装或灌瓶。

四、质量标准

目前我国猕猴桃果醋，感官指标和理化指标没有统一的国家标准，只执行企业标准，而卫生指标执行卫生部发布的《食醋卫生标准》。国外有些国家有统一的果醋国家质量标准，如表7-1为美国食醋的标准（含果醋）。我国食用醋（粮食醋）的标准见表7-2。

表7-1　美国食用醋标准（含果醋）

指　标	含　量
醋酸	最少 4g/100mL，以醋酸计
外观	清晰，色浅
颜色	轻至中等琥珀色（与参考样品比较＊）
气味	纯正，水果香味（与参考样品比较＊）
乙醇	$\leqslant 0.5\%$
铜	$\leqslant 5 \times 10^{-6}$
铁	$\leqslant 10 \times 10^{-6}$
重金属	$\leqslant 1 \times 10^{-6}$

注:参考样品是消费者所满意产品

表7-2　中国食用醋标准

指　标	要　求
色泽	琥珀色或棕红色
香气	具有食醋的特有香味
滋味	醋酸味柔和，稍带甜味，不涩，无其他

续表

指　标	要　求
体态	澄清，无悬浮物及沉淀物
总酸（以醋酸计，g/100mL）	一级醋 ≥ 5.0，二级醋 ≥ 3.5
还原糖（以葡萄糖计，g/100mL）	一级醋 ≥ 1.5，二级醋 ≥ 1.0
砷（$\times 10^{-6}$）	≤ 0.5
铅（$\times 10^{-6}$）	≤ 1
游离矿酸	≤不得检出
黄曲霉素（$\times 10^{-6}$）	≤ 5
细菌总数（个/毫升）	≤ 5000
大肠杆菌最近似值（个/100毫升）	≤ 3
致病菌	不得检出

图7-15　猕猴桃果醋

五、注意事项

果醋生产中常出现香气不突出、有异味、褐变、混浊等质量问题，降低了产品的商品价值和使用价值，故在生产中必须要综合控制和防范。

（1）采用质量高的产酒酵母和产醋酸酵母，同时发酵过程中预防有害菌的污染。

（2）严格控制果醋生产的工艺操作和管理。

（3）生产过程中可通过添加二氧化硫、陈化、复合澄清剂、过滤等防止混浊现象出现。

（4）二氧化硫和维生素C联合使用，可有效防止褐变。

第五节　猕猴桃发酵酸奶

酸奶作为乳制品中的重要成员，以其独特的风味、极高的营养价值备受人们青睐。酸奶与水果的不同组合，加上现代的加工技术和包装技术，使酸奶产品更加丰富多彩。可以依据猕猴桃果肉、果汁、果粉与酸奶适当地搭配，从理化性质及口感评价，研究出更加丰富多样、风味独特的猕猴桃酸奶饮品。

一、材料准备

1.原料及辅料
猕猴桃、生牛乳（乳粉复原替代）、保加利亚乳酸菌和嗜热乳酸链球菌（2:1）混合菌种、白砂糖、果胶、明胶、羟丙基二淀粉磷酸酯等。

2.仪器设备
打浆机、杀菌机、恒温培养箱、FA2004N型电子天平（0.001g）、发酵箱、冰箱等。

二、工艺流程

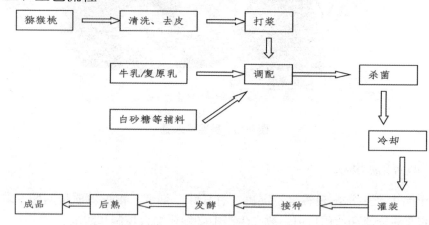

三、加工技术要点

1.猕猴桃汁的制备
采用新鲜、成熟、无破损的猕猴桃，清洗、去皮、打浆、过滤后0~4℃条件下保存，同时收集猕猴桃籽。

2.鲜牛乳净乳

符合GB19301《食品安全国家标准　生乳》要求，感官、理化、微生物指标合格，无抗生素等，也可以用乳粉复原替代。将合格的生牛乳180目过滤器去除其中的细小污物。

3.复原乳的制备

将全脂无糖乳粉用温水溶解，过滤、预热、杀菌（121℃，15min）、冷却备用。

4.调配

往鲜牛乳/复原乳中添加适量的猕猴桃汁、白砂糖及猕猴桃籽，调pH值。猕猴桃添加量5%~8%，pH值为4.0，白砂糖添加量8%，复合添加剂用量0.4%。

5.杀菌

调配后的半成品通过杀菌机94~96℃保持5min进行杀菌，杀菌后降温至42~45℃，并泵入发酵罐。

图7-16　猕猴桃发酵酸奶

6.菌种活化

将新鲜牛乳装入灭菌后的三角瓶中，1kg/cm^{2}蒸汽灭菌20min后，冷却，接入直投菌种，混合后，置于42~45℃条件下恒温培养3h，使乳酸菌保持较强的发酵活力，得到工作发酵剂。

7接入工作发酵剂

按无菌操作程序接入3%左右的工作发酵剂，搅拌15min后保持在42~44℃发酵，发酵2~6h，待有少量乳清渗出，发酵终点酸度在72°T以上。

8.灌装

将发酵好的酸奶冷却至25℃以下，加入制备好的猕猴桃果浆，猕猴桃果浆用量10%，待果浆与发酵好的产品搅拌均匀后灌装，分装完后送入6℃以下冷藏储存。

四、质量标准

产品呈淡黄色或者浅绿色，具有猕猴桃和酸奶的复合香味；组织状态均匀，无分层、无沉淀、酸甜可口、入口爽滑。符合国家规定的食品卫生标准。

第八章 猕猴桃其他加工技术

第一节 猕猴桃果粉

一、材料准备

1.材料

猕猴桃、果胶酶、其他食品添加剂。

2.主要设备

喷雾干燥塔、真空浓缩机、真空干燥机、胶体磨。

二、工艺流程

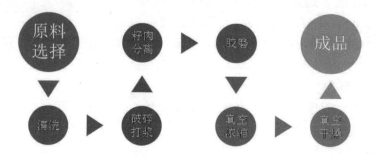

三、加工技术要点

1.果实预处理

选用新鲜、饱满、汁多、香气浓、成熟度高、无虫伤和无发霉变质的猕猴桃果实。用流动水清洗果实表面的泥沙和污物,手工去除果毛、果蒂和果皮或采用切半后用勺挖取果肉。

2.果实破碎

采用打浆机打成浆状,破碎要迅速,以免果汁和空气接触时间过长而氧化。也可用维生素C水溶液浸泡一下再粉碎,可起到防氧化作用。

3.猕猴桃籽肉分离

可用螺旋压榨机或手工杠杆式压榨机榨汁。先将破碎的果肉装入洗净的布袋中，扎紧袋口，然后缓慢加压。第一次压榨后，可将残渣取出，加10%清水搅匀再装袋重压一次。也可将破碎果浆加热至65℃趁热压榨，以增加出汁率。一般出汁率可达65%左右，果汁要用纱布粗滤。

图8-1　胶磨

4.原果浆的胶磨与压榨

选用胶磨机对已经破碎的除籽的果浆进行进一步的压榨。

5.真空浓缩

将压榨出来的果汁用真空浓缩机浓缩，浓缩蒸发温度在60℃以下，真空度为82.7kPa以上浓缩到60~70Bx。

6.真空干燥

浓缩后的果汁加入适量的填充料，制成粒状或粉状，在温度50~60℃真空度90.6~98.6kPa的条件下进行干燥，使产品呈粒状或粉状。

图8-2　猕猴桃果粉

四、产品质量标准

产品呈黄绿色，质量均匀，无杂质，用温开水冲溶后呈黄绿色，味道酸甜，具有猕猴桃的风味。水分≤2%，酸度≤2%，溶解时间≤60s。其微生物指标符合国家规定的食品卫生标准。

五、注意事项

1.猕猴桃原果浆的护色

猕猴桃原果浆易氧化褐变，采用15~30g/100L二氧化硫护色的原果浆效果较好，原果浆保存10个月，无显著的褐变现象。

2.猕猴桃原果浆的维生素C保护

在整个加工过程中，贮放果浆的容器均采用加盖玻璃容器，并用黑布包裹，以减少光照时间，避免与钢、铁等金属接触。整个操作过程在酸性条件下进行，及时脱气、排除物料中的空气，尽量减少原料中的氧含量。在破碎打浆后，未浓缩之前，调节pH值至3.2左右，维生素C的保存率最高。

3.猕猴桃果汁的澄清

猕猴桃果浆经压榨、过滤所得的汁液一般仍含有较多微细的果质纤维及含氮和非氮物质，果胶质等不溶固形物，使汁液混浊不清，如果果汁太浑浊稠厚，就不利于果汁浓缩到60~70Bx这一生产果粉的足够浓度。为此，添加0.1%的明胶及0.2%左右的果胶酶进行澄清处理时，需先把果汁加热至45~50℃，加入酶，搅匀，静置3.5h。

第二节 猕猴桃果（粉）籽焙烤

烘焙食品是以面粉、酵母、食盐、砂糖和水为基本原料，添加适量油脂、乳品、鸡蛋、添加剂等，经一系列复杂的工艺手段烘焙而成的方便食品。它不仅具有丰富的营养，而且品类繁多，形色俱佳，应时适口，可以在饭前或饭后作为茶点品味，又能作为主食，还可以作为馈赠之礼品。将猕猴桃果粉或者猕猴桃果籽粉作为辅料，按照一定的比例添加到面粉中进行饼干、面包等焙烤产品的制作可以得到猕猴桃焙烤产品。下面以猕猴桃果（粉）籽饼干为例进行加工介绍。

一、材料准备

猕猴桃（粉）籽、小麦粉、白砂糖、酵母、起酥油、食盐、膨松剂、烤箱等。

二、工艺流程

膨松剂、食盐溶解
↓

水、植物起酥油、白砂糖溶解→过滤→冷却→果籽粉、小麦粉预混→调粉→静置发酵→辊印成型→烘烤→冷却输送→整理、包装→检验、入库。

三、加工技术要点

1.果籽粉预处理
将果籽进行两次粉碎，粉粹粒度以80目为宜，再采用60目钢丝筛过筛。
2辅料预处理
将辅料准确计量过滤溶解，小麦粉与果籽粉预混，调粉温度控制为22~28℃，静置时间控制在18～20min。

3.辊印成型

静置好的面团直接放入辊印成型机成型，要求成型规则、填料充足、表面光滑。（根据模具的不同，产品造型丰富）

4.烘烤

烘烤时控制好温度和时间。烘烤的底火160~170℃，面火170~180℃，时间15~17min。

5.冷却输送

置于自然条件下降温至35～40℃，使水分蒸发充分，防止饼干变形。

6.抽检入库

将包装好的产品检验合格后方可入库。

四、产品质量标准

根据饼干制作过程中添加剂、猕猴桃果籽粉、猕猴桃粉添加的多少情况决定饼干的色泽，使具有饼干酥脆蓬松的特性。符合饼干要求的理化微生物检测标准。

图8-3 猕猴桃饼干

第三节 猕猴桃籽油胶囊

猕猴桃籽含油量一般为22%~24%，最高可达35.62%，其中主要为不饱和脂肪酸（占89.4%），特别是亚麻酸的含量较高，多达63.99%。亚麻酸是合成人体生物膜和激素必需的，人体不能自身合成，必须由膳食提供。猕猴桃籽油是目前发现的除苏子油外亚麻酸含量最高的天然植物油。药理实验证明，亚麻酸具有降低血脂和胆固醇、促进脂肪代谢与肝细胞再生等作用；此外，亚麻酸还具有提高免疫力、抗过敏反应、提高并保护脑神经膜机能、延缓衰老、防止皮肤干燥、促进毛发再生等作用。所以，猕猴桃籽油是食品、药品和美容化妆品的优质功能原料。

但是不饱和脂肪酸分子中含有多个双键，对氧气、光线和热极为敏感，极易氧化变质，造成猕猴桃籽油营养损失和品质下降，同时还会产生一些对人体有害的物质。

微胶囊化可防止油脂中不饱和脂肪酸的氧化，延长油脂的贮藏期。微胶囊化能保护被包裹的物料，使之与外界环境隔绝，最大限度地保持功能性油脂原有的功能活性，防止营养物质的破坏与损失。同时，它使油脂由液态转化为较稳定的固态形式，便于工业化的加工、贮藏和运输。

一、原料准备

猕猴桃籽、超临界萃取设备、干燥机等。

二、工艺流程

猕猴桃籽→粉碎→超临界二氧化碳萃取→分离→化胶→制丸→硬化→洗丸→干燥→检丸→成品检验→内外包装→入库。

三、加工技术要点

1.原料选择

选取猕猴桃籽无杂质、无霉变、无异味、无破损，籽粒饱满，水分含量≤9%作为原料。

2.粉碎

将萃取的果籽进行粉粹处理，经筛选，制得果仁密封待用。

3.超临界二氧化碳萃取

萃取控制参数:萃取压力为（30±2）MPa，萃取温度（48±3）℃,二氧化碳流量280~300kg/h。分离Ⅰ压力（7±1）MPa，温度（28±3）℃；分离Ⅱ压力（7±1）MPa，温度（20±3）℃。每釜萃取时间≤210min。

4.分离

用油水分离机分离掉毛油的水分和杂质，检测毛油中的酸价、过氧化值及感官评定。

5.化胶

化胶控制参数，水明胶甘油比例=1:0.4，水温30℃时加入明胶。真空脱气温度55~65℃，脱气压力0.07MPa。

6.制胶囊丸

将果仁油按定量压注封于胶皮内，形成一定大小和形状密封于软胶囊。

7.硬化

压制成的胶丸进行干燥使胶丸硬化成呈规则橄榄形。环境温度18~25℃，湿度30%~40%，干燥时间14~18h。

8.洗丸

首先使用75%食用酒精对胶丸进行杀菌处理，再用90%食用酒精擦洗，除掉胶丸外表的杂物，最后用75%酒精浸泡15~20min。

9.干燥

通过控制干燥室环境温度与湿度，使胶囊胶皮中的水分自然蒸发，干燥室环境温度20~25℃，湿度≤50%，干燥时间≥12h。

10.检丸

使用灯检台对软胶囊进行人工挑选，筛选出有气泡、有划痕、外形不规则、内容物有杂质等不合格品。

11.成品检验

按产品标准Q/WADB020-2003规定执行，每年至少进行一次型式检验。

12.内外包装

按产品规格装入瓶内，同时装填干燥剂，贴产品质量检验合格证。（包括生产日期、生产批号、质检员签章和操作工号）

图8-4 猕猴桃籽油胶囊

参考文献

[1]张大鹏.实用果蔬加工工艺[M].北京:中国轻工业出版社,1994.7.

[2]胡安生,王少峰.水果保鲜及商品化处理[M].北京:中国农业出版社,1998.

[3]狄王振,陈壁州,李树臣.果蔬加工技术212例[M].北京:中国轻工业出版社,1995.

[4]周山涛.果蔬贮运学[M].北京:化学工业出版社,1998.

[5]余兆海,高锡永.80种水果制品加工技艺[M].北京:金盾出版社,1994.

[6]张志勤.果蔬糖制品加工工艺[M].北京:中国农业出版社,1992.

[7]王沂,方瑞达编著.果脯蜜饯及其加工[M].北京:中国食品出版社,1987.

[8]武杰.新型果蔬食品加工工艺与配方[M].北京:科学技术文献出版社,2001.

[9]牟增荣,刘世雄.果脯蜜饯加工工艺与配方[M].北京:科学技术文献出版社,2001.

[10]刘玉田,孙祖莉.果品深加工技术问答[M].济南:山东科学技术出版社,2006.

[11]严奉伟,吴光旭.水果深加工技术与工艺配方[M].北京:科学出版社,2001.

[12]高海生.猕猴桃贮藏保鲜与深加工技术[M].北京:金盾出版社,2006.

[13]范兰礼.优质猕猴桃栽培与保鲜新技术[M].北京:中国农业科学技术出版社,2011.

[14]郑晓琴,陈彦,李明章.猕猴桃加工技术发展现状及四川猕猴桃产业近况[J].资源开发与市场,2009,25（6）531-533.

[15]刘强,李晓.四川猕猴桃产业发展SWOT分析及对策[J].贵州农业科学,2014,42（4）,224-228.

[16]黄诚,周长春,等.猕猴桃的营养保健功能与开发利用研究[J].食品科技,2007.04.017,51-55.

[17]王刘刘.猕猴桃综合加工技术研究[J]食品科学,2000,21（9）64-65.

[18]董开发.猕猴桃系列产品的加工[J].贮藏加工,1999,（19）39.

[19]陈红兵,等.猕猴桃果肉饮料的研究[J].食品工业,1996,（4）48.

[20]许克勇.果醋酿造新工艺研究.食品工业[J].1998,（5）23-25.

[21]王花俊,张晓霞.猕猴桃果醋的开发研究[J].郑州牧业工程高等专科学校学报.

[22]邹东恢.猕猴桃保健食品的开发与研究[J].食品研究与开发.2002,3（6）74-76.

[23]诸葛庆,帅桂兰,赵光鳌,等.猕猴桃酒两种不同降酸方法的研究[J].酿酒科技,2005,3（129）60-64.

[24]张凤英,等.猕猴桃果粉的研制[J].食品科学,1997,（12）30-31.

[25]李轶欣,史东辉,付莉.凝固型猕猴桃酸奶配方优化的研究[J].中国奶牛,2010（7）

52-54.

[26]周国君,王晓静,陈丽.猕猴桃酸奶的研制[J].中国乳业,2015,158（2）58-62.

[27]李加兴,袁秋红,陈双平,等.猕猴桃果汁果肉型果冻的研制[J].食品科学,2007,28（07）600-603.

[28]欧阳辉,张永康.猕猴桃果仁油主要成分及其药理生理作用[J].首都大学学报（自然科学版）,2004,25（1）80-82.

[29]姚茂君,李嘉兴,张永康.猕猴桃籽油理化特性及脂肪酸组成[J].无锡轻工大学学报,2002,21（3）307-309.

后 记

　　"四川省产业脱贫攻坚·农产品加工实用技术"丛书（下称"丛书"）终于与读者见面了，这对全体编撰人员来说，能为广大贫困地区服务、为全省扶贫攻坚尽微薄之力，是一件十分激动又感到自豪的事。

　　"丛书"根据四川省产业扶贫攻坚总体部署，结合农产品加工产业发展实际，首期出版共15本，包括四川省食品发酵工业研究设计院编撰的《特色发酵型果酒加工实用技术》《泡菜加工实用技术》《生姜加工实用技术》《葱加工实用技术》《大蒜加工实用技术》《腌腊猪肉制品加工实用技术》《米粉加工实用技术》《核桃加工实用技术》《茶叶深加工实用技术》《竹笋加工实用技术》共10本，以及四川工商职业技术学院编撰的《猕猴桃加工实用技术》《米酒加工实用技术》《主食加工实用技术》《豆制品加工实用技术》《化妆品生产实用技术》共5册。

　　"丛书"按概述、种植与养殖技术简述、主要原料与辅料、加工原理、加工工艺、设备与设施要求、综合利用、质量安全与分析检测、产品加工实例等内容进行编撰，部分内容在细节上略有差异。"丛书"内容上兼顾结合初加工与深加工，介绍的工艺技术易操作，文字上言简意赅、浅显易懂，具有较强的理论性、指导性和实践性。"丛书"适合四川省四大贫困片区贫困县的初高中毕业生、职业学校毕业生、回乡创业者及农产品加工从业者等阅读和使用。

　　"丛书"的编撰由四川省经济和信息化委员会组织，具体由教育培训处、园区产业处、机关党办和农产品加工处负责。在编撰过程中，委员会领导从组织选题、目录提纲、出版书目、进度安排、印刷出版、专家审查、资金保障、贫困地区现场征求意见等方面均进行了全程督导，力求"丛书"系统、全面、实用。编撰单位高度重视，精心组织，同时得到各有关部门的大力配合、有关行业专家学者的热心指导，在此深表感谢！

　　由于编撰水平所限，时间仓促，书中难免有疏漏、不妥之处，恳请读者批评指正。

丛书编写委员会
2018年5月